Tasty Food
食在好吃

吐司三明治
自己做最好吃

杨桃美食编辑部 主编

江苏凤凰科学技术出版社

图书在版编目（CIP）数据

吐司三明治自己做最好吃 / 杨桃美食编辑部主编
. -- 南京 : 江苏凤凰科学技术出版社 , 2015.7（2019.11 重印）
（食在好吃系列）

ISBN 978-7-5537-4557-2

Ⅰ . ①吐… Ⅱ . ①杨… Ⅲ . ①西式菜肴 - 预制食品 -
制作 Ⅳ . ① TS972.158

中国版本图书馆 CIP 数据核字 (2015) 第 102360 号

吐司三明治自己做最好吃

主　　　编	杨桃美食编辑部
责 任 编 辑	葛　昀
责 任 监 制	方　晨

出 版 发 行	江苏凤凰科学技术出版社
出版社地址	南京市湖南路 1 号 A 楼，邮编：210009
出版社网址	http://www.pspress.cn
印　　　刷	天津旭丰源印刷有限公司

开　　　本	718mm×1000mm　1/16
印　　　张	10
插　　　页	4
版　　　次	2015年7月第1版
印　　　次	2019年11月第2次印刷

标 准 书 号	ISBN 978-7-5537-4557-2
定　　　价	29.80元

图书如有印装质量问题，可随时向我社出版科调换。

给你一天满满元气
吐司 & 三明治

悠闲的早晨，给自己煎一块吐司，冲一杯温热的咖啡，享受闲暇生活是多么愉快的一件事。无论是吐司还是三明治，在一日三餐中常扮演着重要角色，除了经常被当作早餐外，也可作为简易的午餐或晚餐。吐司、三明治取材容易、制作简单，很适合生活节奏快的现代人，并且适合外出携带，作为便当或是与朋友一起共享，都是不错的选择。

本书搜罗了近200款极具人气以及创意的吐司与三明治，如法式吐司、糖片吐司、培根干酪条吐司、吐司布丁、香蕉花生酱吐司、蒜香烤吐司、菠萝吐司等；而三明治则有火腿蛋三明治、总汇三明治、冰冻三明治、培根蛋三明治、汉堡排三明治、营养三明治等。另外，在附录中介绍了11种人气沙拉和5种三明治抹酱，如果吃腻了中餐，不妨来试试这些美味的吐司和三明治吧!

目录

PART 1
吐司

PART 2
三明治

附录 1
人气沙拉

附录 2
三明治抹酱

制作吐司前的注意事项

吐司种类繁多，常常让人不知如何选择。一般情况下，面包店出售的不是半条就是一整条，超市大卖场的更是一大条，买回家一时半会吃不完怎么办？以下就教您几个简单的小妙招，让您不再为如何选择和保存吐司而发愁。

1. 认识吐司

生活中最常见的就是方形吐司，但也有上半部隆起如山形的山形吐司，揉面团时加入其他调料的调味吐司，如巧克力吐司，或是加了内馅的吐司，如红豆吐司、葡萄干吐司等。现在更有强调健康和营养的全麦吐司和种类繁多的蛋糕吐司，可以视个人喜好和需求购买。

2. 如何选购质量好的吐司

在选购吐司时，可以先从吐司的整体外观看起，包括外皮是否完整、色泽是否均匀、侧面有无凹陷等。首先，观察吐司的侧面，如果侧面呈凹陷状，表示该吐司发酵不充分，且未经适当的烘烤。其次，观察吐司的横剖面，若横剖面有许多椭圆形的气孔，则质量较差；反之，若横剖面纹理成线状、以手轻压后富有弹性，则质量较佳。

3. 如何保存吐司

吃不完的吐司以冷冻的方式保存，可以防止水分蒸发，保存期限也能由三天延长为十天左右。经冷冻的吐司只需在取出后喷点水直接烤，或者放在盘子上用电饭锅蒸一下，便能恢复口感。

4. 吐司不小心烤焦了怎么办

烤焦的吐司除了味道差之外，对健康也有不良影响。如果您不小心把吐司烤焦了，不妨将错就错，把吐司烤至完全焦黑，因为烤焦的吐司会生成具有除臭效果的活性炭，把它放进冰箱冷藏室的一角，便是效果良好的冰箱除臭剂。

5. 干掉的吐司该如何应用

隔夜的吐司若未妥善保存，往往会变得又干又硬。这时可以把吐司放入果汁机中打碎，做成吐司粉，再放入密闭容器中干燥保存，等要油炸食物时再取出，可当作炸物的外皮，让炸出来的食物又香又脆。

6. 走味的吐司可以怎么用

(1)冰箱除湿去味剂：

吐司变硬了不好吃，这时可以将它用塑料袋包起来并绑好，稍微留一些通气孔，再放入冰箱中，就可以吸除冰箱中过多的湿气与异味。若是吐司不小心烤焦了，也别急着丢掉，因为炭化的部分像木炭一样具有吸湿除臭的功效，是很好的冰箱除湿去味剂。

(2)简单去污：

过期的吐司可以用来清洁灶台的油垢，只要油垢不是很厚，都能轻松去除。做法是先将吐司的边切除，再将吐司卷起，直接擦拭灶台炉面，会有意想不到的清洁效果。

(3)吸油：

除了上述用法之外，过期的吐司还可以用来吸油。一般西式早餐店就习惯把较干或卖相不好的吐司垫在盘子上，将蛋或培根煎好后放在吐司上，既美观，又能吸去多余的油脂。

制作美味吐司的关键

　　在做吐司时难免会遇上一些小疑问，其实只要事先掌握一些小技巧，就能克服难题，做出色、香、味俱全的美味吐司！

Q：吐司怎么切才会比较漂亮？

A：不论是选择刚出炉的吐司还是隔夜吐司，在切之前，最好先将吐司放入冷冻室约1个小时，如此可让吐司变硬，在切开的时候不易产生塌陷。此外，刀具的选择也是一大重点，一般建议使用刀口呈锯齿状的菜刀或吐司刀。如果家中没有吐司刀，只要把一般的刀加热再切，这样也能顺利切好。加热时可将刀口放在火焰上方烘烤，切勿直接将刀插入火焰中，以免刀刃受损。

Q：为什么许多吐司在下锅煎或油炸前，都会先浸泡或涂抹蛋液？

A：制作吐司时，先在表面均匀地涂抹上一层蛋液，一方面可以增添浓郁的香气并提高其营养价值，另一方面可透过蛋液的浸泡达到阻隔油脂的效果，从而避免煎炸的吐司过于油腻，减少不必要的热量。

Q：奶油或抹酱应在何时涂抹于吐司上较为合适？

A：一般我们在早餐店或家中烤吐司时，会习惯性的在吐司上涂抹一层厚厚的奶油或抹酱，再放进烤箱中烘烤，但这样烘烤出来的吐司表面会有些许的凹陷。这是因为半凝固状的果酱中通常含有水分，而在烤箱的高温烘烤下，果酱中的水分会因果酱的液化释出而渗入吐司中，导致吐司变得潮湿、凹陷。正确的做法是，在吐司未涂抹果酱前，先放入烤箱中，烤至表面稍硬微黄时，再取出涂抹果酱，接着再放入烤箱继续烘烤，待表面金黄微焦即可取出食用。

Q：在烤、煎或炸吐司的时候，有什么该注意的细节？

A：一般来说，薄片吐司不宜直接放入烤箱烤，因为烤箱的温度较高，容易把薄片吐司烤焦或烤得过干，最好使用烤面包机，这样火候、口感才最好；厚片吐司则不会遇到这类问题。而炸吐司的时候，蛋液要蘸匀，不要浸泡过久（除非是刻意要让吐司有较软的口感时，如本书的炸吐司卷），以免影响吐司的口感；在煎吐司的过程中，记得要用小火，以免蘸过蛋液的吐司粘黏或烧焦。

Q：制作吐司时的食材处理，应该注意些什么？

A：水洗生菜及过水焯烫的食材，必须注意将多余的水分充分沥干，或以纸巾吸干水分。而煎或炸的食材部分，则可先置于吸油纸上沥干多余油分，这样就可避免多余的水分或油分渗入吐司中，影响吐司的口感。

吐司边的利用

吐司脆条

材料

吐司边适量，奶油适量

做法

先在吐司边涂上适量奶油，再放入约190℃的烤箱中烤约5分钟，烤至干硬即可。

吐司粉

材料

吐司边适量

做法

先将吐司边放入190℃的烤箱中烤5分钟至干硬，取出后用刀剁碎或用食物调理机搅碎。

蒜味奶油边条

材料

吐司边适量，蒜味奶油适量

做法

先将吐司边均匀涂上蒜味奶油备用，再将其放入约190℃的烤箱中烤约5分钟即可。

吐司丁

材料

吐司边适量，奶油适量

做法

先将吐司边均匀涂上奶油，切成丁备用，再将其放入约190℃的烤箱中烤约5分钟即可。

PART 1

吐司

吐司是深受人们喜爱的食物，通常是直接拿来抹果酱或是放进烤箱烤香后食用。其实，吐司的食用方法是很丰富的，本篇便教你将吐司大变身，只需几个步骤就能将吐司变为超级美食！

奶油蒜香烤吐司

材料
厚片吐司	1片
蒜	3瓣
香芹	1根
奶油	30克

调料
盐	少许

做法
1. 将厚片吐司放入190℃的烤箱中，烤至单面上色备用。
2. 蒜和香芹均切碎备用。
3. 将奶油放入容器中，再加入蒜碎、香芹碎和少许盐，搅拌均匀，制成蒜味奶油。
4. 将蒜味奶油涂在未烤的那面吐司上。
5. 放入约175℃的烤箱中，烤约5分钟至上色即可。

奶油什锦菇吐司

🍞 材料
山形吐司	2片
什锦菇片	100克
洋葱丝	10克
奶油	1小匙

🧂 调料
白酱	1大匙

🍳 做法
❶ 将烤箱调至150℃，预热5分钟后放入山形吐司，以150℃烤约3分钟后取出，趁热涂上奶油。

❷ 热锅，加入洋葱丝和什锦菇片先炒香，再加入奶油、白酱炒匀后盛起，制成馅料。

❸ 在烤好的山形吐司上摆上馅料即可。

番茄莎莎酱鸡肉吐司

🍞 材料
去边吐司　　2片
鸡腿肉　　　50克
奶油　　　　1小匙
卷须生菜　　适量

🫙 调料
番茄莎莎酱 100克

🍴 做法
❶ 煮一锅水至滚，将鸡腿肉放入煮熟，再捞起沥干切丁。

❷ 烤箱转至150℃，预热5分钟后放入去边吐司，烤约3分钟后取出，趁热抹上奶油。

❸ 将去边吐司切成四个小三角形，在吐司上摆上番茄莎莎酱、熟鸡腿肉丁和卷须生菜装饰即可。

美味私房招

番茄莎莎酱

材料
新鲜番茄丁1大匙，蒜末1/4小匙，洋葱末1/4小匙，香菜1/4小匙，番茄酱1/2小匙，BB酱1/4小匙，白醋1小匙

做法
将所有材料拌匀即可。

吐司培根总汇

材料
厚片吐司1片，奶油适量，培根2片，西红柿1/4个，火腿1片，鸡蛋1个，黄瓜1/2根，苜蓿芽5克，干酪丝20克

调料
盐少许，黑胡椒少许，甜酱1小匙

做法
1. 将厚片吐司涂上适量奶油，放入190℃的烤箱中，烤至双面上色备用。
2. 将培根放入锅中略煎至出油取出，再打入鸡蛋，加入盐、黑胡椒，煎熟取出备用。
3. 西红柿切片；苜蓿芽洗净；火腿与黄瓜切片。
4. 将烤好的吐司抹上甜酱，依序放入苜蓿芽、火腿片、黄瓜片、西红柿片、煎蛋、培根和干酪丝。
5. 放入180℃的烤箱中，烤至干酪丝融化即可。

奶油芝士吐司

材料
吐司4片，奶油干酪150克，奶油20克，蛋黄1个，圣女果6个

调料
糖1.5大匙

做法
1. 将圣女果洗净，划十字刀将其切成4份，备用。
2. 将奶油干酪与糖放入钢盆中，用打蛋器搅打3分钟，再加入蛋黄搅打3分钟，接着加入奶油继续打3分钟至略起泡。
3. 将圣女果摆放在一片吐司上，再抹上搅打好的发泡奶油，盖上另一片吐司，对半切开即可。

水波西红柿烤吐司

材料

厚片吐司	1片
奶油	适量
西红柿	1个
鸡蛋	1个
黄瓜	1/4根
蛋黄	1个

调料

盐	少许
黑胡椒	少许
白醋	少许

做法

❶ 厚片吐司涂上一层奶油，放入190℃的烤箱中，烤至双面上色备用；西红柿切成片；黄瓜切片备用。

❷ 煮一锅热水，煮开后将水搅拌成漩涡状，再缓缓打入鸡蛋，煮至鸡蛋半熟捞起即为水波蛋。

❸ 把蛋黄打匀，缓缓加入2大匙奶油、盐和黑胡椒搅拌均匀，再加入少许白醋调匀成酱汁备用。

❹ 将烤好的吐司放上西红柿片、黄瓜片和水波蛋，再淋上酱汁。

❺ 放入180℃的烤箱中，烤约5分钟，至上色即可。

金枪鱼酱黄瓜吐司

材料
吐司1片，罐装金枪鱼50克，小黄瓜片20克，西红柿片10克，奶油适量

调料
甜酱1大匙，黑胡椒末1/4小匙

做法
1. 将所有调料与罐装金枪鱼拌匀成鱼肉馅；烤箱以180℃预热约5分钟，备用。
2. 将吐司放入预热好的烤箱中，以180℃烤约5分钟，再取出趁热抹上奶油。
3. 于吐司片上摆上西红柿片、小黄瓜片和鱼肉馅，最后淋上适量甜酱（分量外）即可。

蒜苗金枪鱼烤吐司

材料
吐司2片，罐装金枪鱼 2大匙，蒜苗1/2根，洋葱15克，圣女果2个，蛋液适量

调料
黑胡椒1/4小匙

做法
1. 将蒜苗洗净切末；圣女果洗净切片；洋葱剥皮后切末。
2. 将金枪鱼、蒜苗末、洋葱末、黑胡椒混合拌匀成馅。
3. 将吐司的其中一面蘸上蛋液。
4. 把做法2的馅放在吐司表面。
5. 将吐司放入180℃的烤箱中，烤约6分钟，取出后放上圣女果片即可。

韭菜鲜肉吐司夹

🍞 材料

吐司　　　　4片
猪绞肉　　　30克
韭菜　　　　30克
姜末　　　　1/2小匙
蛋液　　　　适量

🍯 调料

盐　　　　　1/4小匙
糖　　　　　1/4小匙
白胡椒粉　　1/4小匙
香油　　　　1/2小匙

🍴 做法

❶ 将韭菜洗净，切成长约0.6厘米的小段。

❷ 猪绞肉加入盐，按同一方向搅拌约3分钟后，加入其余调料拌匀，再放入韭菜段、姜末，混合拌匀。

❸ 将拌好的馅料均匀地抹在其中一片吐司上，另一片吐司先抹上蛋液，再将两片合紧。

❹ 将合紧的吐司两面均匀地蘸上蛋液，再放入120℃的热油中，以小火煎约5分钟后捞出沥油。

❺ 将煎好的吐司切去边，再对角切开即可。

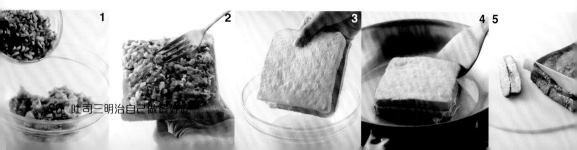

芝士洋葱吐司夹

材料
吐司2片，洋葱末2大匙，干酪丝1大匙，蛋清适量，食用油适量

调料
黑胡椒1/4小匙，盐1/8小匙，糖1/4小匙

做法
❶ 将干酪丝切碎，加入洋葱末、黑胡椒、盐、糖混合拌匀，制成馅料。
❷ 把馅料夹入2片吐司中，再将吐司均匀地蘸裹上蛋液。
❸ 取锅，倒入适量食用油（能没过吐司即可）烧热，放入吐司，以120℃的热油炸至吐司两面皆呈现金黄色即可。

温泉蛋吐司

材料
吐司2片，奶油1小匙，鸡蛋2个，葱花适量

调料
酱油适量

做法
❶ 取锅，加入适量水（能没过鸡蛋），将鸡蛋放入水中，以小火煮约3分钟，再熄火泡2分钟。
❷ 将吐司放入烤面包机烤至香脆，再涂上奶油盛入盘中。
❸ 把煮好的鸡蛋打入盘中的吐司上，撒上葱花再淋上酱油即可。

洋葱酱烤吐司

材料
厚片吐司	2片
洋葱	1/2个
奶油	1大匙
中筋面粉	1小匙
高汤	150毫升

调料
盐	1/4小匙
蚝油	1/2小匙
糖	1/4小匙
粗黑胡椒粒	适量

做法
① 洋葱剥去外皮后切成细丝。

② 热锅,将洋葱丝、奶油放入,以小火炒至洋葱变软,再加入中筋面粉,以小火略炒至洋葱丝呈棕色。

③ 于锅中加入高汤、盐、蚝油、糖,以小火煮开并快速拌匀,滚沸后即熄火。

④ 将其抹在吐司片上,待凉后放入烤箱中,以180℃烤约5分钟取出,再撒上粗黑胡椒粒即可。

凯萨熏鸡吐司

材料
吐司1片，生菜100克，熏鸡肉片50克，奶油1小匙

调料
沙拉酱1大匙（做法见79页）

做法
1. 生菜洗净，撕成小片；熏鸡肉片撕成小片；烤箱以150℃预热5分钟。
2. 将吐司放入烤箱中，以150℃烤约3分钟后取出，趁热涂上奶油。
3. 在吐司上摆上生菜、熏鸡肉片，淋上沙拉酱即可。

鸡蛋吐司

材料
吐司2片，鸡蛋2个，奶油1小匙，干酪丝1小匙

做法
1. 先将吐司切去四边，抹上奶油，撒上干酪丝，再将切下来的吐司条摆回吐司上围边；将烤箱转至150℃，预热5分钟备用。
2. 将吐司片放入预热好的烤箱中，以150℃烤约3分钟后取出。
3. 将鸡蛋打至烤好的吐司上，放入烤箱中以150℃烤约5分钟至蛋熟即可。

意大利肉酱烤吐司

材料

厚片吐司	1片
奶油	适量
意大利肉酱	60克
洋葱	1/4个
胡萝卜	30克
香芹	1棵
干酪丝	20克

调料

黑胡椒	少许

做法

❶ 将厚片吐司涂上适量奶油，放入190℃的烤箱中，烤至双面上色备用。

❷ 将洋葱与胡萝卜切小丁；香芹切碎备用。

❸ 将意大利肉酱倒入容器中，加入切好的洋葱丁、胡萝卜丁和黑胡椒，搅拌均匀备用。

❹ 在烤好的吐司上放上适量肉酱，撒上干酪丝。

❺ 放入约180℃的烤箱中，烤约3分钟，烤至干酪丝融化上色，最后撒上香芹碎装饰即可。

月见吐司比萨

材料

蛋黄	1个
厚片吐司	1片
培根碎	5克
菠菜	80克
干酪丝	30克
奶油	10克

调料

橄榄油	1小匙
盐	少许
黑胡椒粉	少许
甜酱	1大匙

做法

❶ 菠菜去根洗净，焯烫后沥干，切碎，加入所有调料拌匀备用。

❷ 在厚片吐司上抹上奶油，再放入烤箱中烤至表面上色备用。

❸ 将烤好的厚片吐司铺上菠菜，依序撒上干酪丝、培根碎，挤上甜酱，用汤匙在中央压个凹槽，放入200℃的烤箱中，烤至干酪丝融化后取出。

❹ 在中央凹槽处加入蛋黄，再放入烤箱烤约3分钟即可。

菠萝吐司

🍳 材料
吐司2片,火腿40克,菠萝片2片,干酪丝20克,奶油2小匙,香芹末适量

🥣 调料
番茄酱1大匙

🍴 做法
❶ 先将火腿切成小片,烤箱转至200℃后预热5分钟。

❷ 把吐司抹上奶油和番茄酱,摆上菠萝片、火腿片,再撒上干酪丝。

❸ 将吐司放入预热好的烤箱中,以200℃烤约5分钟至干酪丝融化、上色,再撒上香芹末即可。

菠萝海鲜比萨

🍳 材料
吐司2片,虾仁6尾,鲷鱼片30克,洋葱圈10克,火腿片2片,菠萝片2片,黑橄榄6颗,干酪丝适量

🥣 调料
比萨酱适量,白酒适量,盐适量

🍴 做法
❶ 虾仁洗净去肠泥;将鲷鱼片、火腿片、菠萝片及黑橄榄切小薄片,以些许白酒、盐抓匀略腌。

❷ 吐司取一面涂上比萨酱,依序放上虾仁、鲷鱼片、火腿片、菠萝片、黑橄榄片和洋葱圈,最后铺上干酪丝。

❸ 将其放入160℃的烤箱中,烤约10分钟至食材熟透,且干酪丝融化上色即可。

比萨总汇吐司

材料
厚片吐司	2片
干酪丝	120克
洋葱丝	20克
玉米粒	2大匙
火腿丁	2片
青椒丝	1/2个

调料
意大利面酱	2大匙
黑胡椒粉	少许
干酪粉	少许
干辣椒粉	少许

做法

① 在厚片吐司上涂上意大利面酱，再撒上30克干酪丝。

② 再在厚片吐司上平均放上适量的洋葱丝、玉米粒、火腿丁和青椒丝，最后再撒上30克的干酪丝，放置于烤盘上，重复上述步骤至厚片吐司用完。

③ 将吐司片放入烤箱中，以上火210℃、下火170℃烤10～15分钟，再撒上黑胡椒粉、干酪粉和干辣椒粉即可。

南瓜比萨吐司

🍞 材料
厚片吐司2片，南瓜100克，干酪丝25克，低筋面粉20克，奶油20克，豆浆200毫升

🍶 调料
Ⓐ 盐少许，胡椒粉少许，橄榄油1大匙
Ⓑ 盐少许，胡椒粉少许

📋 做法
❶ 南瓜连皮切薄片，加调料A拌匀，备用。
❷ 热锅，开小火加入奶油至融化，放入过筛的低筋面粉炒香，再分次加入豆浆搅拌均匀，煮至浓稠，加入少许盐和胡椒粉调味，即为白酱。
❸ 将厚片吐司放入烤箱微烤至定型，取出涂上白酱，放上南瓜片，撒上干酪丝，放入烤箱，以200℃烤至上色即可。

热狗比萨吐司

🍞 材料
吐司2片，热狗1根，洋葱末1大匙，圣女果6颗，干酪丝2大匙

🍶 调料
意大利综合香料1/4小匙，番茄酱2小匙

📋 做法
❶ 将热狗、圣女果切片备用。
❷ 在吐司上抹上番茄酱，放上意大利综合香料、洋葱末、热狗片、圣女果片，再撒上干酪丝。
❸ 将吐司放入180℃的烤箱中，烤至干酪丝融化且表面上色即可。

虾仁蔬菜吐司

🍞 材料

厚片吐司	1片
虾仁	50克
三色蔬菜	1大匙
洋葱丁	30克
鲜奶	1大匙
奶油	1小匙
高汤	100毫升

🧂 调料

盐	1/2小匙
糖	1/2小匙
胡椒粉	1/8小匙
水淀粉	1小匙

📋 做法

❶ 将吐司放入180℃的食用油中炸至呈金黄色，捞起沥油，于吐司侧边1/4处横剖切开，取薄的为上盖，较厚的一边挖去中心部分备用。

❷ 将虾仁、三色蔬菜放入滚水中焯烫至熟，捞起沥干备用。

❸ 取锅，加入高汤、虾仁、三色蔬菜和洋葱丁，以小火煮约3分钟后加入所有调料，待滚沸后以水淀粉勾芡，再加入鲜奶、奶油拌匀。

❹ 将其填入挖空的吐司内，再盖上盖即可。

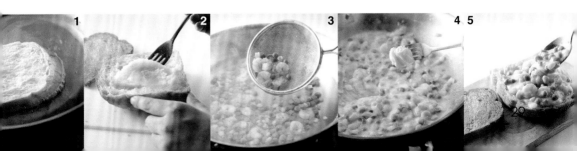

吐司沙拉盒

🥘 材料
厚片吐司1片，土豆1/2个，胡萝卜30克，火腿1片，红甜椒少许，熟鸡蛋1个

🧂 调料
甜酱1.5小匙

🍳 做法
1. 将土豆、胡萝卜洗净切丁，放入滚水中焯烫约5分钟，捞起沥干水分备用。
2. 火腿、红甜椒、熟鸡蛋皆切丁。
3. 将以上所有材料与甜酱混合拌匀即成沙拉，备用。
4. 将吐司用烤面包机烤至表面脆黄取出，将中间部分挖去，放入沙拉即可。

鲜虾干酪烤吐司

🥘 材料
Ⓐ 吐司3片，芦笋3根，草虾 3尾，圣女果6个，蟹味菇1/2包，黄甜椒1/4个
Ⓑ 奶油100毫升，鸡蛋1个，月桂叶2片，面糊1大匙（加适量水）

🧂 调料
盐少许，黑胡椒粉少许

🍳 做法
1. 芦笋洗净切小段；圣女果洗净对切；蟹味菇去蒂洗净切小段；黄甜椒切片，备用。
2. 草虾剪须去沙筋；吐司切大块，备用。
3. 将所有调料和材料B一起搅拌均匀成酱汁，备用。
4. 取烤皿，排入芦笋、圣女果、蟹味菇、黄甜椒，再加入吐司块、草虾，淋上酱汁，放入200℃的烤箱中烤约10分钟至上色即可。

咖哩鸡吐司

材料
脆皮吐司	1大块
鸡腿	1只
胡萝卜	50克
土豆	30克
洋葱	1/2个
蒜末	1小匙
椰奶	5大匙
水	300毫升
色拉油	1大匙

调料
盐	1小匙
鸡精	1/4小匙
咖哩粉	1大匙

做法

❶ 切约3厘米厚度的吐司当盖，取较厚的一块挖去内囊，放入预热至约180℃的烤箱中，将吐司壳外皮烤至酥脆。

❷ 鸡腿剁成小块，放入滚水中焯烫去血水后捞起；胡萝卜、土豆洗净后去皮切成小块；洋葱去皮后切片。

❸ 热锅，加入色拉油，放入蒜末、咖哩粉炒香，再放入鸡腿块炒约3分钟，依次加入水、胡萝卜块、土豆块和调料，以小火煮约12分钟，再加入洋葱片、椰奶煮约3分钟即为咖哩。

❹ 将咖哩盛入烤好的吐司壳内，以吐司蘸食即可。

沙茶牛肉烤吐司

材料
厚片吐司	1片
奶油	适量
牛肉片	120克
洋葱	1/3个
香菜	1根
蒜	2瓣
红辣椒	1/3个

调料
沙茶酱	1小匙
干酪丝	30克

做法
1. 洋葱切成丝；红辣椒、香菜和蒜瓣都切碎备用。
2. 厚片吐司涂上适量奶油，放入190℃的烤箱中，烤至双面上色备用。
3. 把牛肉片放入容器中，加入洋葱丝、红辣椒、香菜末和蒜碎，再加入沙茶酱搅拌均匀，放入锅中炒香备用。
4. 将其铺在厚片吐司上，再撒上干酪丝。
5. 将吐司放入180℃的烤箱中，烤至干酪丝融化上色即可。

冬菜火腿烤吐司

🍞 材料

厚片吐司	1片
奶油	适量
冬菜	15克
火腿	1片
洋葱	1/3个
蒜	1瓣
红辣椒	1/4个
葱丝	少许
干酪丝	20克

🍶 调料

黑胡椒	少许

📋 做法

1. 将厚片吐司涂上适量奶油,放入190℃的烤箱中,烤至双面上色备用。

2. 把冬菜洗净泡水,再沥干水分备用。

3. 将火腿与洋葱切丁;蒜瓣与红辣椒切碎备用。

4. 把冬菜、火腿丁、洋葱丁、蒜碎、红辣椒放入容器中,加入黑胡椒搅拌均匀,再放入烤好的吐司上面,撒上干酪丝。

5. 将其放入约180℃的烤箱中,烤约3分钟至呈金黄色,最后加上葱丝装饰即可。

鲑鱼烤吐司

材料

厚片吐司	1片
奶油	适量
鲑鱼	1片
芦笋	5根
红辣椒	1/3个
干酪丝	20克

调料

料酒	1小匙
温开水	3大匙
黑胡椒	少许

做法

1. 将厚片吐司涂上适量奶油，放入190℃的烤箱中，烤至双面上色备用。

2. 将鲑鱼去皮切小丁；芦笋切小丁；红辣椒切碎备用。

3. 味噌加入温开水调开，再加入鲑鱼丁、芦笋丁、红辣椒和黑胡椒，搅拌均匀备用。

4. 将搅拌好的馅料放在烤好的吐司上，再撒上干酪丝。

5. 将吐司放入180℃的烤箱中，烤至鲑鱼丁熟、干酪丝融化即可。

葱花小鱼烤吐司

🍞 材料
厚片吐司1片，奶油适量，吻仔鱼150克，葱1根，红辣椒1/3个，香芹末适量

🍶 调料
香油少许，盐少许，白胡椒粉少许，干酪丝20克

🍴 做法
❶ 将厚片吐司涂上适量奶油，放入190℃的烤箱中，烤至双面上色备用。

❷ 将吻仔鱼洗净，滤干水分；葱与红辣椒切碎备用。

❸ 将吻仔鱼、葱、红辣椒放入锅中爆香，再加入香油、盐和白胡椒粉调味，搅拌均匀备用。

❹ 将炒香的吻仔鱼放入烤好的吐司上，再撒上干酪丝，放入180℃的烤箱中烤至上色，再撒上香芹末即可。

干酪金枪鱼烤吐司

🍞 材料
熟白芝麻1小匙，干酪丝20克，厚片全麦吐司1片，金枪鱼罐头1罐，葱1根

🍶 调料
甜酱1大匙

🍴 做法
❶ 将金枪鱼肉取出，滤干水分；葱切碎备用。

❷ 将金枪鱼肉和葱碎放入容器中，加入甜酱搅拌均匀备用。

❸ 取一片全麦吐司放入190℃的烤箱中，烤至双面上色，取出对切但不要切断，中间塞入搅拌好的金枪鱼肉与干酪丝。

❹ 把吐司放入约190℃的烤箱中，烤约6分钟，再将烤好的吐司切成小块盛盘，最后撒上熟白芝麻即可。

蒲烧鲷鱼吐司

材料
厚片吐司　1片
鲷鱼片　　200克
小豆苗　　适量
奶油　　　1小匙
柴鱼片　　1/2小匙

调料
照烧酱　　1/2大匙
甜酱　　　1小匙

做法
1. 先将烤箱转至150℃，预热5分钟后放入厚片吐司，烤约3分钟后取出，趁热涂上奶油。
2. 在烤好的厚片吐司上摆上鲷鱼片，涂上照烧酱，再放入烤箱中，以150℃烤约8分钟后取出。
3. 于烤好的厚片吐司和鲷鱼片上挤上甜酱，再摆上洗净的小豆苗，最后撒上柴鱼片即可。

芝士烤吐司

材料
厚片吐司1片，干酪片1片，奶油少许

调料
盐少许

做法
❶ 将厚片吐司放入烤箱中以180℃烤至表面脆黄，再取出涂上奶油、撒上少许盐、放上干酪片。

❷ 将厚片吐司放入烤箱中，以220℃烤3分钟即可。

吐司口袋饼

材料
吐司4片，鸡蛋2个，红甜椒丁30克，香肠丁50克，黄瓜丁30克，鲜奶1大匙，色拉油1大匙

调料
盐1/4小匙，白胡椒粉1/8小匙

做法
❶ 鸡蛋打散，与黄瓜丁、红甜椒丁、香肠丁、鲜奶和调料混合拌匀。

❷ 热锅，加入色拉油，倒入以上材料，以小火慢慢拌炒至蛋凝固成滑嫩状。

❸ 先取一片吐司做底，在上面加入2大匙馅料，再盖上另一片吐司。

❹ 用小碗盖放在吐司上，用力压断，使其成紧实的圆形状吐司即可。

麻香照烧吐司

材料
厚片吐司	1片
奶油	适量
去骨鸡腿排	1片
蟹味菇	1/3包
豌豆苗	少许
熟白芝麻	少许
干酪丝	20克

调料
照烧酱	100毫升

做法
1. 将厚片吐司涂上适量奶油，放入190℃的烤箱中，烤至双面上色备用。
2. 去骨鸡腿排切成小片，放入照烧酱腌渍约10分钟；蟹味菇去蒂切小丁备用。
3. 将腌渍好的鸡腿肉片与蟹味菇丁铺在烤好的吐司上，放进170℃的烤箱中，烤7分钟后取出。
4. 撒上干酪丝，放入170℃烤箱中继续烤5分钟至上色后取出，加入熟白芝麻、豌豆苗装饰即可。

干酪饼

材料
吐司2片，干酪片2片，蛋液适量

调料
糖浆或盐适量

做法
❶ 将干酪片放入2片吐司之间压紧。
❷ 把吐司均匀蘸上蛋液，放入约120℃的油锅中，炸至两面呈金黄色后捞出沥油。
❸ 淋上适量糖浆即可。

美味私房招　若不喜欢太甜，可以将糖浆换成盐，做成略有点咸的味道，就不必担心吃起来会腻了。

火腿吐司

材料
吐司1片，干酪1块，火腿片1片，西红柿片4片，生菜少许，奶油1小匙

做法
❶ 西红柿洗净，切成圆片；干酪切成4小片；烤箱转至150℃后预热5分钟。
❷ 将吐司放入烤箱中，以150℃烤约3分钟后取出，趁热涂上奶油。
❸ 将吐司切成4小片，依序摆上西红柿片、火腿片、干酪片和生菜即可。

奥姆鸡粒吐司

🥪 材料

吐司	4片（切丁）
鸡蛋	5个
猪绞肉	100克
玉米粒	50克
葱花	适量
奶油	15克
干酪丝	30克
鲜奶	90毫升

🧂 调料

盐	少许
黑胡椒粉	少许
肉桂粉	1小匙

📋 做法

❶ 鸡蛋打散，加入所有调料拌匀备用。

❷ 平底锅用一半的奶油烧热，放入吐司丁，以小火煎炒至表面上色并呈酥脆状起锅。

❸ 将葱花、玉米粒、猪绞肉放入锅中，以中火爆香后起锅。

❹ 平底锅放入另一半的奶油烧热，倒入蛋液，以中小火缓缓地将蛋液煎炒至五分熟。

❺ 依序将猪绞肉馅、吐司丁与干酪丝放在蛋液中间，慢慢用蛋包起使之呈半月形即可。

吐司夹肉

材料
吐司2片，猪绞肉100克，蛋液适量，姜末1/4小匙

调料
盐1/4小匙，胡椒粉1/8小匙，糖1/8小匙，香油少许，淀粉1/2小匙

做法
❶ 将猪绞肉加入所有调料和姜末后搅拌均匀。

❷ 把猪绞肉均匀地涂在一片吐司上，并与另一片合起压紧。

❸ 将吐司蘸上蛋液，放入120℃的油锅中炸至两面呈现金黄色时捞出沥油，再切成四等份即可。

吐司海苔卷

材料
吐司3片，热狗2根，黄瓜1根，吐司火腿2片，肉松1大匙，海苔3片，牛奶少许

做法
❶ 先将吐司去边，再用擀面棍压扁。

❷ 黄瓜洗净，去头尾后直切成8长条，再对切；热狗直切4 条；火腿对切，备用。

❸ 取竹卷帘，先放上海苔铺底，再依序放入吐司、火腿，用火腿包住小黄瓜条后，再加入热狗、肉松，最后用竹帘将所有材料紧实卷起，于封口处涂上牛奶使其密合，放置约3分钟切小段即可。

茄汁烤吐司

🍞 材料

吐司	2片
圣女果	8个
洋葱末	1大匙
水	100毫升

🧂 调料

番茄酱	1大匙
糖	1/2小匙
盐	1/4小匙
水淀粉	1小匙

🍳 做法

❶ 圣女果洗净后对切。

❷ 将圣女果、洋葱末及水加入锅中，以小火煮约3分钟后加入番茄酱、糖、盐，煮至滚后以水淀粉勾芡。

❸ 将吐司用烤面包机烤至表面脆黄，再淋上酱料即可。

牛肉卷

🍞 材料
吐司2片，肥牛肉薄片4片，黄瓜条200克，葱丝5克，色拉油1小匙

🧂 调料
甜面酱1大匙

🍴 做法
❶ 用擀面棍将吐司压扁备用。

❷ 热锅，倒入色拉油，放入肥牛肉薄片煎约1分钟，再放入甜面酱以小火炒1分钟盛盘。

❸ 用吐司铺底，放入肥牛肉薄片、黄瓜条、葱丝卷紧，以牙签固定，再斜刀对切即可。

> **美味私房招**　若不喜欢肥牛肉薄片或是不想自己煎牛肉片，也可以用卤牛腱片代替，口感就像牛肉大饼一般美味。

吐司香肠卷

🍞 材料
吐司1片，小香肠4根，圣女果4片，黄瓜4片，蒜片4片，香菜少许，奶油1小匙

🍴 做法
❶ 将吐司去边后切成小条状，再用擀面棍将吐司条擀平；烤箱转至180℃预热5分钟，备用。

❷ 将擀平的吐司条抹上奶油，再卷入小香肠，以牙签串起，放入预热好的烤箱中，以180℃烤约5分钟后取出。

❸ 串上圣女果片、黄瓜片、蒜片和香菜即可。

吐司腊肠卷

🍞 材料
吐司2片，香肠2根，蛋液适量

🍳 做法
1. 将吐司用擀面棍压扁。
2. 在吐司上放上香肠后卷紧，于开口处用牙签固定。
3. 将吐司卷蘸上蛋液，放入120℃的油锅中炸约4分钟后捞出沥油，再用刀将吐司卷斜刀对切即可。

苹果吐司烤蔬菜

🍞 材料
厚片吐司1片，鸡蛋1个，西红柿块300克，苹果块300克，黄甜椒条50克，干酪丝100克，鲜奶80毫升，奶油10克，蒜泥20克

🧂 调料
肉桂粉1小匙，盐少许，黑胡椒粉少许

🍳 做法
1. 先将厚片吐司放入烤箱中烤至表面上色，再切成小块状，抹上蒜泥备用。
2. 将鲜奶、奶油、蒜泥和所有调料一起放入容器中搅拌均匀制成酱汁。
3. 将苹果块、西红柿块、黄甜椒条、吐司块整齐排入烤皿中，倒入酱汁，撒上干酪丝，再在中央打入一个鸡蛋，放入约200℃的烤箱中烤约10分钟即可。

脆绿吐司沙拉

材料

吐司	1片
生菜叶	3片
鲷鱼肉	1片
圣女果	3个
黄甜椒	1/3个
鸡蛋	2个
鲜奶	50毫升

调料

砂糖	1小匙
盐	少许
和风酱汁	60毫升

做法

1. 鲷鱼肉洗净，切成小条状，煎至双面变色至熟备用。

2. 将所有调料搅拌均匀，再将吐司切大块，在调料中浸泡至软，放入烧热的平底锅煎至表面上色。

3. 生菜切小片，泡入冰水中冰镇，再沥干水分；圣女果洗净切片；黄甜椒洗净去籽切片，备用。

4. 将生菜、圣女果片、黄甜椒片装入盘中铺底，再摆入鲷鱼条、吐司丁，最后淋入和风酱汁即可。

蒜香吐司条

📷 材料
厚片吐司1片，蒜末30克，香芹末2克，干酪粉2大匙，奶油2大匙

🍶 调料
盐1/2小匙

🍱 做法
❶ 厚片吐司去边后，每片切成3条。

❷ 将蒜末、香芹末、干酪粉和所有调料拌匀，再均匀涂在吐司条上。

❸ 将吐司条放入预热好的烤箱，以上火170℃、下火150℃的温度，烤约5分钟至呈金黄色即可。

一串心吐司

📷 材料
吐司2片，香肠片6片，蒜片6片，圣女果3个，蒜苗6片，竹签3根

🍱 做法
❶ 将一片吐司去边切成3片，用擀面棍稍微擀平；圣女果洗净去蒂对切；香肠片煎熟，备用。

❷ 取竹签，依序将吐司、香肠片、蒜片、圣女果和蒜苗片串成1串，重复此步骤至材料用完即可。

吐司春卷

材料
吐司	2片
春卷皮	4张
生菜	4片
熟虾仁	8尾
火腿片	2片
罗勒叶	8片
薄荷叶	4片
黄瓜	1根
蛋液	适量
凉开水	适量
红辣椒末	适量

调料
鱼露	1大匙
白醋	2大匙
糖	2大匙
凉开水	1大匙

做法
1. 生菜、罗勒叶、薄荷叶洗净沥干；黄瓜洗净去头尾，切条再对切。
2. 将吐司均匀地蘸上蛋液放入锅中，倒入适量食用油，小火煎至两面脆黄后取出对切。
3. 熟虾仁对剖；火腿片切条；所有调料搅拌均匀，备用。
4. 将凉开水装入盘中，将春卷皮蘸凉开水至软，放置在干净桌面上，依序放上生菜、吐司片、火腿片、黄瓜条、罗勒叶、薄荷叶、虾仁，再用春卷皮卷紧实后斜刀对切，蘸调料食用即可。

酥炸吐司

材料
厚片吐司1片，鱼浆40克，猪绞肉20克，葱花5克

调料
盐1/4小匙，白胡椒粉1/4小匙

做法
1. 厚片吐司去边后，从对角切成四片三角形，再用小刀从中间划刀，但不切断。
2. 将猪绞肉、葱花和所有调料拌匀，塞入三角吐司内，以鱼浆糊口。
3. 将三角吐司放入150℃的油锅中，以小火炸熟后，捞起即可。

枫糖吐司

材料
厚片吐司1片，奶油1.5小匙

调料
枫糖1大匙

做法
1. 烤箱预热至180℃，放入厚片吐司，烤至其表面略呈金黄色时取出。
2. 将厚片吐司涂上奶油，并均匀涂上枫糖，再放入烤箱上层，以220℃的温度烤约3分钟即可。

厚片吐司

材料

厚片吐司	2片
鸡蛋	2个
鲜奶	180毫升
奶油	10克

调料

盐	少许
糖粉	1小匙

做法

❶ 先将鸡蛋打入容器中，加入鲜奶和盐，再用打蛋器搅拌均匀。

❷ 把厚片吐司放入搅拌均匀的蛋液中，浸泡至软。

❸ 取平底锅，放入奶油加热至慢慢融化，再放入蘸好蛋液的吐司，以小火煎至双面呈金黄色。

❹ 在煎好的吐司上撒上糖粉即可。

香蕉吐司

材料
吐司2片，香蕉1/2根，奶油1/2小匙，蛋液适量

调料
糖浆适量

做法
1. 香蕉去皮后切成厚约0.3厘米的片。
2. 吐司涂上奶油，将其中1片铺满香蕉，盖上另1片合拢、压紧。
3. 将吐司均匀蘸抹上蛋液，放入油温约120℃的油锅中，炸至两面呈金黄色后捞出沥油。
4. 可依个人喜好淋上适量糖浆再食用。

橙汁煎吐司

材料
吐司2片，柳橙1个，水100毫升，奶油2小匙

调料
浓缩橙汁1大匙，糖1小匙，水淀粉少许

做法
1. 先将柳橙榨汁，再将柳橙的皮削去白色部分，保留外皮切成细丝，备用。
2. 将柳橙丝加水，以小火煮约2分钟，再加入浓缩橙汁、糖，煮滚后以水淀粉勾芡，制成调味汁。
3. 吐司用烤面包机烤过，涂上奶油，对切放入盘中，淋上调味汁即可。

糖片吐司

🍞 材料
厚片吐司　　2片
奶油　　　　1大匙

🧂 调料
粗砂糖　　　1大匙

🍳 做法
❶ 先将烤箱预热至180℃，再放入厚片吐司，烤至表面略黄时取出。

❷ 将厚片吐司涂上奶油，并均匀撒上粗砂糖，再放入烤箱的上层，以220℃的温度继续烤3分钟即可。

香蕉花生酱吐司

材料
吐司2片，香蕉1/2根

调料
花生酱适量，糖粉适量

做法
1. 将香蕉剥去外皮后切片，备用。
2. 吐司放入烤面包机烤至表面脆黄再取出，涂上花生酱，放上香蕉片。
3. 将吐司放入180℃的烤箱中，烤约3分钟，再撒上糖粉即可。

糖霜吐司块

材料
无边吐司块150克（不规则型），鸡蛋2个，鲜奶200毫升，奶油少许

调料
糖粉1大匙

做法
1. 先将鸡蛋打散，再和鲜奶混合拌匀。
2. 取烤皿，将烤皿内部抹上少许奶油。
3. 将吐司块均匀地蘸上鲜奶蛋液，再放入烤皿内。
4. 将烤箱预热至180℃，再将烤皿放入烤箱中，烤约12分钟，取出撒上糖粉即可。

巧克力核桃吐司

材料
厚片吐司1片，巧克力酱2大匙，核桃仁50克，奶油1小匙

调料
糖粉1小匙

做法
❶ 巧克力酱与核桃仁拌匀；烤箱以180℃预热约5分钟，备用。

❷ 厚片吐司放入预热好的烤箱中，以180℃烤约5分钟，再取出趁热抹上奶油。

❸ 将巧克力核桃仁放在烤好的厚片吐司上，再撒上糖粉即可。

吐司蛋糕

材料
吐司3片，鲜奶250毫升，鸡蛋2个，葡萄干1大匙，打发鲜奶油适量，巧克力米适量

做法
❶ 先将鸡蛋打散成蛋液，加入鲜奶拌匀成鲜蛋奶液，再将吐司放入其中泡软。

❷ 将吐司一层层叠起，中间放入葡萄干作为内馅，放入预热至150℃的烤箱中烤约8分钟后取出。

❸ 将打发鲜奶油涂在吐司上，再撒上适量的巧克力米即可。

草莓香蕉吐司

🍞 材料

厚片吐司	1片
奶油	1大匙
香蕉	1根
草莓	6颗
薄荷叶	适量
巧克力米	1小匙

🧂 调料

蜂蜜	1大匙
干酪丝	30克
糖粉	1小匙

📋 做法

1. 将厚片吐司双面均抹上奶油，再放入190℃的烤箱中，烤至双面上色备用。
2. 将香蕉去皮切片，草莓洗净备用。
3. 将烤好的吐司放入烤盘中，再加入香蕉片、草莓和干酪丝。
4. 将其放入180℃的烤箱中，待干酪丝融化上色后取出。
5. 在烤好的吐司上撒上巧克力米、蜂蜜、糖粉和薄荷叶装饰即可。

焦糖苹果烤金砖

🍞 **材料**
厚片全麦吐司1片，苹果1个，葡萄干1小匙，草莓片3片，薄荷叶少许，奶油1大匙

🧂 **调料**
砂糖1大匙

🍱 **做法**
1. 将全麦吐司切成苹果般大小，抹上奶油，再放入190℃的烤箱中烤至上色备用。
2. 将苹果去皮，切成厚片圈状，两面蘸上砂糖，放入平底锅中煎至双面上色备用。
3. 取烤好的吐司，放上一片煎上色的苹果片，再放上草莓片、葡萄干，依序堆叠起来。
4. 用薄荷叶装饰即可。

苹果肉桂吐司派

🍞 **材料**
吐司1片，苹果50克，酒渍樱桃5克，柠檬皮丝适量

🧂 **调料**
肉桂粉1小匙，细砂糖适量

🍱 **做法**
1. 苹果洗净切片；烤箱转至150℃预热约5分钟，备用。
2. 将吐司放入烤箱中，以150℃烤约3分钟后取出。
3. 在吐司上撒上肉桂粉、摆上苹果片，再撒上细砂糖，放入烤箱中以150℃烤约3分钟后取出。
4. 在烤好的吐司上摆上酒渍樱桃、撒上柠檬皮丝即可。

烤水果塔

🍞 材料

吐司	3片
弥猴桃片	6片
柳橙片	6片
鲜奶	250毫升
鸡蛋	2个
打发鲜奶油	2大匙

🧂 调料

草莓果酱	1大匙

📋 做法

❶ 将鸡蛋打散，加入鲜奶，拌匀成鲜蛋奶液，再将吐司放入其中泡软。

❷ 将泡软的吐司一片片叠起，中间每层分别放入弥猴桃片、柳橙片作为内层夹馅，表面再铺上弥猴桃片、柳橙片。

❸ 把吐司放入预热至150℃的烤箱烤约8分钟后取出。

❹ 在吐司上淋上草莓果酱，将鲜奶油挤至旁边，食用时蘸食即可。

吐司甜饼

材料
吐司2片，弥猴桃片1/2个，蛋液适量

调料
草莓果酱2小匙

做法
❶ 先将1片吐司涂上草莓果酱，盖上另1片吐司合紧。
❷ 将吐司均匀地蘸上蛋液，放入锅中，倒入适量食用油，以小火煎至两面呈金黄色。
❸ 将吐司切成4等份盛盘，再放上弥猴桃片即可。

咖啡糖吐司块

材料
方形吐司2片，奶油1大匙

调料
咖啡糖50克

做法
❶ 方形吐司不去边，直接切成方形小块。
❷ 烤箱以150℃预热约5分钟，将吐司块放入烤箱中，以150℃烤约3分钟。
❸ 将烤好的吐司取出，趁热涂抹上奶油。
❹ 在烤好的吐司块上撒上咖啡糖。
❺ 放入烤箱中，以150℃烤约30秒至吐司块香硬即可。

吐司苹果派

材料

吐司	3片
鲜奶	250毫升
鸡蛋	2个
苹果	1个

调料

细砂糖	1大匙
水	200毫升
蜂蜜	2小匙
肉桂粉	1/2小匙

做法

1. 苹果洗净，去皮、去籽后切成厚片。
2. 取锅，加入砂糖、水和苹果片，以中火煮至水分收干，再加入1小匙蜂蜜拌匀。
3. 将鸡蛋打散后加入鲜奶，拌匀成鲜蛋奶液，再将吐司放入其中，泡约半个小时。
4. 取一烤皿，烤皿上先涂抹一层薄薄的奶油（材料外），放入吐司片并摆上苹果片，排列整齐。
5. 将烤皿放入预热至150℃的烤箱中，烤约15分钟后取出，再撒上肉桂粉、淋上剩余的蜂蜜即可。

吐司布丁

🍞 材料

吐司	4片
蛋液	150克
动物性鲜奶油	190克
牛奶	190克
葡萄干	适量
蔓越莓干	适量
樱桃	适量

🧂 调料

糖	100克
防潮糖粉	适量

📋 做法

1. 将鲜奶油、牛奶和一半的糖煮至完全融化后，冲入蛋液混合拌匀，过筛后静置约30分钟以上。

2. 将吐司切成小块状，铺在容器底部，再倒入蛋液，放入葡萄干、蔓越莓干和樱桃，再撒上剩余的糖。

3. 将其放入烤箱中，以上火150℃、下火150℃的隔水加热方式蒸25～35分钟。取出蒸烤好的吐司布丁，再撒上防潮糖粉装饰即可。

草莓卡仕达吐司

材料
方形吐司片2片，草莓30克，奶油1小匙，开心果末1小匙

调料
卡仕达酱2大匙

做法
❶ 将草莓切成片状；烤箱转至150℃预热约5分钟，备用。

❷ 将方形吐司片放入预热好的烤箱中，以150℃烤约3分钟后取出，趁热涂抹上奶油。

❸ 在烤好的方形吐司片上挤上卡仕达酱，摆上草莓片，撒上开心果末即可。

苹果吐司

材料
山形吐司1片，麻糬50克，苹果1个，柠檬丝1小匙

做法
❶ 苹果洗净切片；烤箱转至180℃预热约5分钟，备用。

❷ 在山形吐司上放上麻糬、摆上苹果片，再放入烤箱中，以180℃烤约5分钟后取出，撒上柠檬丝即可。

焗烤奶油布丁

🥣 材料
吐司　　3片
鲜奶　　250毫升
鸡蛋　　2个
奶油　　1大匙
葡萄干　1大匙

🧂 调料
糖粉　　1小匙

📋 做法
❶ 将鲜奶和鸡蛋混合成鲜奶蛋液；吐司切对角，备用。

❷ 取烤皿，涂抹上少许奶油（分量外），以防止粘黏。

❸ 将吐司片依序排入盘内，撒上葡萄干，将鲜奶蛋液均匀淋入，静置10分钟。

❹ 将其放入预热至150℃的烤箱中，烤约15分钟，取出涂上奶油，再以220℃烤约3分钟后取出，最后撒上糖粉即可。

柑橘优格魔芋烤吐司

🍞 材料

厚片吐司	1片
奶油	适量
柑橘	5瓣
薄荷叶	1片
魔芋丝	50克
黄瓜	1/2根
橙子皮丝	少许
干酪丝	20克

🧂 调料

优格	1/2瓶

📋 做法

❶ 将厚片吐司涂上适量奶油，放入190℃的烤箱中，烤至双面上色备用。

❷ 将柑橘果肉切小块；黄瓜切丁；薄荷叶切丝，连同魔芋丝一起加入优格拌匀备用。

❸ 将搅拌好的优格酱平铺在烤好的吐司上面，再撒上干酪丝。

❹ 将其放入约180℃的烤箱中，烤至干酪丝融化，最后再加入橙子皮丝、薄荷叶（材料外）装饰即可。

蔓越莓核桃吐司

材料
吐司1片，奶油1小匙，蔓越莓干50克，核桃10克

调料
甜酱1小匙

做法
❶ 先将烤箱转至150℃预热约5分钟，备用。

❷ 将吐司放入预热好的烤箱中，以150℃烤约3分钟后取出，趁热涂抹上奶油，再斜切成3片。

❸ 在吐司片上摆上蔓越莓干和核桃，淋上甜酱，再放入烤箱中，以150℃烤约3分钟即可。

芒果干酪吐司

材料
吐司1片，芒果50克，干酪丝20克，奶油1小匙

做法
❶ 芒果切丁；烤箱转至150℃预热约5分钟，备用。

❷ 将吐司放入烤箱中，以150℃烤约3分钟后取出，趁热涂抹上奶油，再斜切成2份。

❸ 在吐司上撒上干酪丝、摆上芒果丁即可。

蜜饯苹果吐司

📖 材料

吐司	1片
什锦水果蜜饯	1小匙
奶油	1小匙
苹果	80克
柠檬皮末	1/4小匙

🧂 调料

糖	2大匙

📋 做法

❶ 吐司切除4边；苹果切片；烤箱转至150℃预热约5分钟，备用。

❷ 将吐司放入烤箱中，以150℃烤约3分钟后取出，趁热涂抹上奶油，再斜切成4小片。

❸ 取锅，锅中放入糖及苹果片，以小火煮至糖变成焦糖。

❹ 将苹果片、什锦水果蜜饯放在吐司片上，撒上柠檬皮末即可。

鲜奶炸吐司

材料
鸡蛋2个, 鲜奶200毫升, 花生粉2大匙, 厚片吐司2片

调料
细砂糖1大匙

做法
1. 将鸡蛋与鲜奶混合打匀成鲜奶蛋液; 花生粉与细砂糖拌匀, 备用。
2. 吐司去边后, 先切成小方块状, 再放入鲜奶蛋液中略浸泡蘸匀。
3. 取锅, 倒入约半锅的食用油 (分量外) 烧热至约120℃, 将吐司块放入锅中炸至表面呈金黄色后, 捞起沥油。
4. 食用前再撒上花生粉即可。

炸吐司卷

材料
吐司3片, 鲜奶150毫升, 鸡蛋3个

调料
砂糖1小匙

做法
1. 先将吐司切去4边。
2. 取容器, 打入1个鸡蛋, 加入鲜奶, 混合拌匀成鲜奶蛋液; 另取容器将其余2个鸡蛋打散成蛋液备用。
3. 将吐司放入鲜奶蛋液中, 使每片吐司都均匀蘸满鲜奶蛋液, 直至吐司完全浸透, 再取出略挤掉鲜奶蛋液。
4. 将吐司卷成圆条形, 蘸上蛋液, 放入120℃的油锅炸至两面金黄捞出, 再撒上砂糖即可。

奶油千层吐司

材料
吐司	4片
哈密瓜丁	50克
打发鲜奶油	100克
葡萄干	1小匙
杏仁碎	10克
奶油	适量

做法
① 将吐司对切成长方形片；烤箱转至150℃预热约5分钟，备用。

② 将吐司放入烤箱中，以150℃烤约3分钟后取出，趁热涂抹上奶油。

③ 取1片吐司挤上打发鲜奶油，撒上杏仁碎，摆上哈密瓜丁和葡萄干，再叠上另1片吐司。

④ 重复步骤3，将吐司叠成4片，再依序用完其他材料即可。

蜂蜜水果吐司

材料

山形吐司片 2片
综合水果　200克
葡萄干　　5克
奶油　　　1小匙

调料

蜂蜜　　　1大匙

做法

❶ 先将烤箱转至150℃预热约5分钟，备用。

❷ 取山形吐司放入预热好的烤箱中，以150℃烤约3分钟后取出，趁热涂抹上奶油。

❸ 在烤好的山形吐司上摆上综合水果和葡萄干，淋上蜂蜜即可。

焦糖杏仁吐司

🍞 材料

吐司	1片
杏仁片	100克
奶油	1小匙

🧂 调料

焦糖	1大匙
糖粉	1/2小匙

🍳 做法

❶ 先将烤箱转至150℃预热。

❷ 将吐司放入预热好的烤箱中,以150℃烤约3分钟后取出,趁热涂抹上奶油,再切成4片。

❸ 将切好的吐司片淋上焦糖,摆上杏仁片再放入烤箱中,以150℃烤约5分钟后取出,最后撒上糖粉即可。

焦糖布丁吐司塔

🍞 材料

吐司	1片
什锦水果丁	50克
鸡蛋	1个
奶油	少许
焦糖布丁	1盒

🍴 做法

❶ 取圆形烤模，在烤模内涂上少许奶油、撒上适量面粉（材料外）；鸡蛋打散成蛋液；烤箱转至150℃预热约5分钟，备用。

❷ 将吐司于4边中间划4刀但不切断，然后蘸上蛋液，交叉叠起放入烤模内。

❸ 将烤模放入烤箱中，以150℃烤约5分钟后取出，即为吐司塔，放入综合水果丁和焦糖布丁即可。

水果吐司盅

材料
厚片吐司1片，草莓5颗，弥猴桃1个，植物性鲜奶油200毫升

调料
细砂糖1大匙

做法
❶ 用小刀挖空厚片吐司内部，取出切成9块，以150℃的油温炸酥，放凉后填回吐司内。

❷ 将植物性鲜奶油加入细砂糖打发呈硬性发泡；弥猴桃去皮后切大丁，备用。

❸ 将打发鲜奶油挤入吐司盅内，再摆上弥猴桃丁和草莓即可。

金沙吐司片

材料
吐司2片，去皮南瓜50克，熟咸蛋黄2个，蒜末1/2小匙，蛋液适量，奶油1大匙

做法
❶ 先将南瓜放入沸水中煮软，再捞起沥干压成泥。

❷ 吐司均匀地蘸上蛋液后，放入倒有适量色拉油（材料外）的锅中，以小火煎至两面呈金黄色后盛盘。

❸ 另起锅，放入奶油、蒜末、咸蛋黄和南瓜泥，以小火炒至起泡即关火，涂抹在吐司上即可。

蜜糖吐司

🍞 材料

扎实未切的吐司　2段
草莓冰淇淋　　　适量
香草冰淇淋　　　适量
弥猴桃　　　　　1个
柳橙　　　　　　1/2个
香蕉片　　　　　6片
苹果　　　　　　1/2个
打发鲜奶油　　　适量
巧克力酥片　　　1包
奶油　　　　　　2小匙

🧂 调料

草莓果酱　　　　适量
蜂蜜　　　　　　1大匙

🍞 做法

❶ 将整块吐司沿着外缘内侧约2厘米处，用餐刀切到靠近底部的地方，再用手轻轻剥出内囊切成小块。

❷ 将内部吐司块及吐司外壳放入预热至180℃的烤箱中烤约5分钟至酥脆，将内部吐司块涂上适量奶油。

❸ 弥猴桃洗净去皮、切厚片；柳橙切薄片；苹果去皮切块。

❹ 依序将内部吐司块放入吐司壳中，淋少许蜂蜜，再放入香草、草莓冰淇淋，并挤上打发后的鲜奶油填补缝隙，放上香蕉片、柳橙片、弥猴桃片、苹果块装饰，最后淋上草莓果酱、撒上巧克力酥片，再淋上蜂蜜即可。

水蜜桃奶油吐司

材料

吐司	2片
打发鲜奶油	1大匙
水蜜桃	50克
柠檬皮丝	1小匙

做法

❶ 先将吐司去边，切成8片；水蜜桃切片。

❷ 取1片吐司，于吐司上挤少许打发鲜奶油，摆上水蜜桃片和柠檬皮丝，依序做成8片。

❸ 将做好的吐司2片叠成1个，依此步骤做成4个即可。

mama's cafe

水果蜜糖吐司

🍞 材料

未切的原味吐司	1/2条
无盐奶油	100克
草莓冰淇淋	1球
香草冰淇淋	1球
弥猴桃丁	1/3个
香瓜丁	1/4个
芒果丁	1/3个
橙子块	1/3个
酒渍樱桃	适量
薄荷叶	1片
金箔	适量

🧂 调料

防潮糖粉	适量
百香果酱	适量
卡仕达酱	120克
细砂糖	适量

📋 做法

❶ 将吐司的四边各留约1厘米，用刀将吐司从上往下直切到底部一圈，取出吐司内部，切成8大块。

❷ 将挖空的吐司壳均匀地涂上无盐奶油，以200℃烤约7分钟至表面酥脆；将吐司块涂上奶油，蘸上细砂糖。

❸ 将蘸糖的吐司块放入200℃的烤箱烤约5分钟，烤至硬香后填回吐司壳内，再淋上少许百香果酱，在吐司盅边缘挤上卡仕达酱。

❹ 放入弥猴桃丁、芒果丁、橙子块及香瓜丁和草莓、香草冰淇淋。

❺ 摆上酒渍樱桃、薄荷叶装饰，淋上百香果酱，再撒上防潮糖粉和金箔即可。

厚片火腿干酪

🍞 材料
厚片吐司1片，奶油少许，火腿2片，干酪丝15克，干酪碎5克

🍳 做法
先将厚片吐司抹上少许奶油，再依序铺上火腿片、干酪丝、干酪碎，放入烤箱以180℃的温度烤约3分钟即可。

冰淇淋蜂蜜吐司

🍞 材料
吐司2片，冰淇淋球2个，弥猴桃1个

🧂 调料
蜂蜜2小匙

🍳 做法
❶ 先将烤箱预热至180℃，再放入吐司片，烤至表面香脆时取出。

❷ 将弥猴桃去皮后切小丁。

❸ 在吐司上淋上蜂蜜、放上冰淇淋及弥猴桃丁，食用时蘸取冰淇淋即可。

棉花糖吐司

材料
吐司1片，棉花糖6个，奶油1小匙

做法
① 烤箱转至150℃预热约5分钟，备用。

② 将吐司放入烤箱中，以150℃烤约3分钟后取出，趁热涂抹上奶油，再切成3片。

③ 在吐司上摆上棉花糖，再放入烤箱中以200℃烤约1分钟即可。

南瓜爆浆吐司

材料
吐司2片，南瓜泥100克，干酪丝20克，奶油1小匙

做法
① 将南瓜泥与干酪丝拌匀成馅料；烤箱转至150℃，预热5分钟备用。

② 将两片吐司的其中一面先抹上奶油，把拌好的馅料放在一片吐司上（未抹奶油的面朝上），再盖上另一片吐司（抹奶油的面朝下）。

③ 将吐司放入预热好的烤箱中，以150℃烤约3分钟取出，再对切即可。

香芋吐司

🍞 **材料**

吐司2片，蜜芋泥100克，芋头丝20克

🗂 **做法**

❶ 先将吐司以圆形压模器压成4片小圆片；芋头丝放入油锅中炸至微干且香味散出，捞起沥油即为香芋丝。

❷ 用挖球器将蜜芋泥挖至1片吐司上，摆上香芋丝，再盖上另1片吐司，重复此步骤至吐司用完即可。

蜜红豆吐司夹

🍞 **材料**

吐司3片，弥猴桃50克，蜜红豆30克，奶油1小匙

🗂 **做法**

❶ 弥猴桃去皮切片；烤箱转至150℃预热约5分钟，备用。

❷ 吐司放入烤箱中，以150℃烤约3分钟后取出，趁热涂抹上奶油。

❸ 取1片吐司，于吐司上摆入蜜红豆后叠上1片吐司片，再放上弥猴桃片，盖上1片吐司片。

❹ 将叠好的吐司对半切开即可。

焦糖吐司边

材料

吐司边20根，熟白芝麻少许，水1大匙，色拉油
1小匙

调料

砂糖3大匙

做法

1. 先将吐司边放入烤箱中，以180℃烤约6分
   钟后取出。
2. 取锅，锅内依序加入色拉油、水、砂糖，
   以小火煮约4分钟至液态浅咖啡色即为焦
   糖，备用。
3. 将吐司边放入盛有焦糖的锅内迅速拌匀，最
   后加入熟白芝麻，将吐司边摊开放凉即可。

芝麻树枝棒

材料

未切白吐司1/2条，融化奶油适量，黑芝麻适
量，白芝麻适量

做法

1. 将白吐司顺着较长一侧切下2片长方形吐
   司，每片再纵切成5条细长形吐司棒，共计
   10条。
2. 用剪刀将吐司棒的两侧交错剪开成树枝状。
3. 将剪好的吐司棒全部涂上一层融化的奶
   油，其中5条撒上白芝麻，另5条撒上黑
   芝麻，再将做好的芝麻树枝棒一起放入烤
   箱，烤至金黄酥脆即可。

果蔬炸吐司

🍳 材料

A

白吐司	1片
香菜	适量

B

葡萄柚丁	20克
洋葱丁	10克
西红柿丁	10克
香菜末	5克
大蒜末	5克
红辣椒碎	5克

🧂 调料

橄榄油	30毫升
柠檬汁	10毫升
盐	适量
黑胡椒粉	适量

📋 做法

❶ 白吐司用模型压成圆形备用。

❷ 热锅，倒入色拉油（材料外），以中火将白吐司炸成金黄色，捞起沥油备用。

❸ 将材料B混合，再加入橄榄油、柠檬汁、盐及黑胡椒粉拌匀，放在炸好的吐司上，并以香菜装饰即可。

吐司松饼

🍞 材料
吐司2片，鲜奶80毫升，鸡蛋1个

🍶 调料
枫糖适量

🍴 做法
❶ 先将鲜奶和鸡蛋混合打匀成鲜蛋奶液。
❷ 将吐司片放入鲜蛋奶液中蘸匀，取出静置约3分钟。
❸ 将吐司片放入松饼机内，烤约3分钟后取出。
❹ 食用前淋上枫糖或蘸取枫糖即可。

煎吐司

🍞 材料
厚片吐司2片，鸡蛋2个，奶油20克

🍶 调料
鲜奶300毫升，细砂糖1小匙

🍴 做法
❶ 将鲜奶、鸡蛋与细砂糖加入钢盆中，混合搅拌均匀，备用。
❷ 取厚片吐司放入蛋液中泡软，备用。
❸ 取平底锅，加入奶油加热至融化，再将泡软的吐司放入锅中，以小火煎至双面上色即可。

冰淇淋蜜糖吐司

🍔 材料

吐司	1/3条
综合水果块	400克
冰淇淋	2球
开心果碎	适量
酒渍樱桃	适量
奶油	1大匙

🧂 调料

砂糖	1大匙
糖粉	1小匙
卡仕达酱	20克

🍴 做法

❶ 将吐司四边各留约1厘米，用刀将吐司从上往下直切到底部绕一圈。

❷ 取出中央的吐司，切成约8大块；烤箱转至150℃预热5分钟。

❸ 将切好的吐司块涂上奶油、蘸上砂糖，放入烤箱中以150℃烤约8分钟至香硬。

❹ 将挖空壳的吐司均匀地涂上奶油，放入烤箱中以150℃烤约8分钟至表面酥脆。

❺ 将吐司块填回吐司壳内，摆上综合水果块、冰淇淋和酒渍樱桃，撒上开心果碎，在吐司边缘挤上卡仕达酱，最后撒上糖粉即可。

比萨吐司

🍞 **材料**

厚片吐司	2片
奶酪丝	120克
洋葱丝	20克
玉米粒	2大匙
火腿丁	1.5片
青椒丝	1/2个
干酪粉	少许

🧂 **调料**

黑胡椒粉	少许
粗干辣椒粉	少许
意大利面酱	2大匙

📋 **做法**

❶ 厚片吐司先涂上意大利面酱，再撒上30克的奶酪丝。

❷ 在撒有奶酪丝的厚片吐司上，平均放入适量的洋葱丝、玉米粒、火腿丁和青椒丝，最后再撒上30克的奶酪丝，放置于烤盘内；重复上述步骤至厚片吐司用完为止。

❸ 将烤盘放入烤箱中，以上火210℃、下火170℃烤10～15分钟，食用前再撒上黑胡椒粉、干酪粉和粗干辣椒粉即可。

肉酱三角吐司

🥖 材料
吐司2片, 肉酱100克, 奶油1小匙, 蛋黄1/2个

🍲 做法
❶ 吐司切边后以擀面棍稍微压扁; 蛋黄打成
   蛋液; 烤箱以150℃预热5分钟, 备用。
❷ 将50克肉酱铺在吐司上再对折成三角形,
   以叉子压平, 重复此动作至吐司用完。
❸ 在压好的吐司表面涂上蛋液。
❹ 将涂有蛋液的吐司放入烤箱中, 以150℃烤
   约5分钟至表面呈金黄色后取出即可。

芒果鲜虾吐司

🥖 材料
厚片吐司1片, 芒果丁30克, 熟虾仁40克, 干酪
丝10克, 奶油1小匙

🍶 调料
甜酱1大匙

🍲 做法
❶ 将熟虾仁与甜酱、芒果丁拌匀; 烤箱以
   180℃预热约5分钟, 备用。
❷ 厚片吐司放入预热好的烤箱中, 以180℃烤
   约5分钟, 再取出趁热抹上奶油。
❸ 将虾仁、芒果丁放在烤好的吐司上, 撒上
   干酪丝, 再放入烤箱中, 以200℃烤约8分
   钟至干酪丝融化且呈金黄色, 再撒上适量
   香芹末 (材料外) 装饰即可。

冰淇淋吐司

🍞 材料

吐司	1片
鸡蛋	1/2个
牛奶	10毫升
冰淇淋球	1个
草莓	1个
开心果末	适量
柠檬丝	适量

🍴 做法

❶ 先将吐司切除4边，再用擀面棍擀扁成大片；烤箱转至180℃预热约5分钟，备用。

❷ 鸡蛋加入牛奶拌匀，再将吐司放入，蘸裹均匀后卷成甜筒状。

❸ 将吐司甜筒放入烤箱中，以180℃烤约5分钟，至定型后取出，放凉后摆上冰淇淋、草莓、开心果末和柠檬丝即可。

培根干酪条吐司

材料
吐司2片，培根3片，干酪丝20克，奶油1小匙

做法
1. 先将1片吐司切成3条，再涂上奶油；烤箱以180℃预热5分钟；将培根切成粗长条状备用。
2. 将吐司条用培根从外圈卷起，撒上干酪丝后放入预热好的烤箱中，以180℃烤约5分钟即可。

香烤苹果吐司

材料
白吐司2片，苹果1个，奶油适量

调料
肉桂粉少许，柚子果酱适量，砂糖适量

做法
1. 苹果洗净，切成厚约0.5厘米的片；奶油切小丁状备用。
2. 吐司去边，稍稍擀压成扁平状，再涂抹上柚子果酱，整齐地排放上苹果片，撒上砂糖及奶油丁，放入烤箱中以200℃烤至上色后取出，最后撒上肉桂粉即可。

PART 2

三明治

　　三明治在便利商店、早餐店一直是热门的抢手商品。为什么三明治会如此受青睐呢？一方面是因为三明治制作简便，另一方面是可以随意搭配自己喜欢的食材。三明治外皮的吐司可以有多种选择，像最常见的吐司、全麦吐司，另外也有特别的面包，像潜艇堡、可颂、烧饼等。本章收录了多种经典与创意口味的三明治，只需花个十几分钟，就可为自己和家人制作出一款美味的三明治来！

汉堡排三明治

材料

五谷杂粮吐司	2片
猪绞肉	100克
洋葱末	2克
紫洋葱片	2克
生菜	2片
胡萝卜末	2克
葱末	2克

腌料

酱油	1/4小匙
鸡蛋	20克
面粉	1小匙
吐司粉	1小匙
糖	1/4小匙
胡椒	1/4小匙

调料

番茄酱	1小匙

做法

❶ 猪绞肉、洋葱末、胡萝卜末、葱末加入所有腌料拌匀，捏成形，放入锅中以小火煎熟成汉堡排，备用。

❷ 五谷杂粮吐司放入烤面包机中，烤至金黄取出，涂上番茄酱，备用。

❸ 依序叠上1片吐司、生菜、紫洋葱片、汉堡排、1片吐司即可。

招牌火腿蛋三明治

🍞 **材料**

去边白吐司4片，鸡蛋1个，火腿片1片

🍳 **做法**

① 鸡蛋拌匀后，用滤网过滤泡泡，备用。

② 锅内刷上少许食用油，倒入蛋液，快速转
动锅，以小火煎成蛋皮，切成2片备用。

③ 火腿片放入沸水中焯烫后取出，备用。

④ 依序叠上1片吐司、蛋皮、1片吐司、火腿
片、1片吐司、蛋皮、1片吐司。

⑤ 取吐司刀斜对切成两个三明治即可。

培根蛋三明治

🍞 **材料**

白吐司2片，生菜2片，培根3片，鸡蛋1个，西
红柿片2片，黄瓜片2片，紫洋葱片2片

🫙 **调料**

甜酱1/2大匙（做法见160页）

🍳 **做法**

① 白吐司放入烤面包机内烤至呈金黄色后取
出，抹上甜酱备用。

② 鸡蛋和培根煎熟，备用。

③ 依序叠上1片吐司、生菜、西红柿片、煎蛋、
黄瓜片、培根、紫洋葱片、1片吐司即可。

冰冻三明治

🍞 材料

白吐司	3片
鸡蛋	1个
火腿	1片
鲜奶油	50克

🧂 调料

细砂糖	1小匙
甜酱	适量

📋 做法

1. 将鸡蛋打入碗中搅打均匀，倒入热油锅中并快速摇动锅，让蛋液均匀布满锅面，以小火煎成蛋皮，盛出后切成与白吐司大小相同的方蛋片备用。

2. 鲜奶油倒入干净无水的容器中，以打蛋器快速搅拌数下，加入细砂糖继续搅打至成为湿润的固体状备用。

3. 取2片白吐司分别抹上甜酱，备用。

4. 取一片白吐司为底，放入蛋皮，盖上另一片白吐司，抹上适量鲜奶油，并放入火腿片，再将最后一片白吐司抹上鲜奶油盖上，稍微压紧再切除四边，最后对切成两份即可。

肉松火腿三明治

材料
全麦吐司3片，肉松20克，火腿片1片，黄瓜丝5克，洋葱片5克，西红柿片10克

调料
番茄酱1小匙

做法
1. 将全麦吐司放入烤面包机中，烤至金黄，取出涂上番茄酱；锅内放入少许食用油，以小火煎熟火腿片，备用。
2. 依序叠上吐司、肉松、黄瓜丝、吐司、火腿片、西红柿片、洋葱片、吐司。
3. 取吐司刀切除四边后，从中间对切成两份即可。

照烧鸡排三明治

材料
去骨鸡腿排1块，色拉油适量，去边吐司1片，奶油适量，生菜1片，西红柿片2片，洋葱丝20克

调料
照烧酱适量，黑胡椒适量

做法
1. 去骨鸡腿排洗净擦干，以刀尖将肉筋截断。
2. 取平底锅，倒入适量的色拉油烧热，放入去骨鸡腿排，将双面煎至约七分熟、表面呈金黄色时，加入照烧酱以小火煮至收汁、呈浓稠状即可关火，备用。
3. 先将去边吐司烤至表面微焦黄，抹上奶油，再放上生菜，依序加入西红柿片、照烧鸡腿排、洋葱丝，最后撒上黑胡椒对折即可。

酥炸鸡排三明治

🍞 材料
白吐司　　　　2片
小豆苗　　　　2克
鸡胸肉片　　200克
红甜椒丝　　　2克
黄甜椒丝　　　2克

🍶 腌料
盐　　　　　1小匙
鸡蛋　　　　1个
面粉　　　1/4小匙
地瓜粉　　　1大匙
淀粉　　　1/4小匙
糖　　　　1/4小匙
胡椒　　　1/4小匙

🍶 调料
千岛沙拉酱 1/2大匙
（做法见160页）

🍱 做法
1. 鸡胸肉片加入腌料拌匀后，放入约150℃的油锅中，以小火炸熟，沥油备用。
2. 白吐司放入烤面包机中烤至呈金黄色取出，涂上千岛沙拉酱备用。
3. 依序叠上1片吐司、小豆苗、双色甜椒丝、鸡排、1片吐司。
4. 用吐司刀从中间对切成两个三明治即可。

热狗三明治

材料
船形面包	1个
甜玉米粒	50克
热狗	1个
生菜	2片
西红柿片	5片
黑胡椒粉	少许

调料
甜酱	1/2大匙

（做法见160页）

做法
1. 船形面包中间切开后，放入烤箱内以150℃烤至呈金黄色后取出备用。
2. 将热狗煎熟备用。
3. 甜玉米和甜酱一起拌匀，填入船形面包内，备用。
4. 摆上生菜、热狗、西红柿片并撒上黑胡椒粉即可。

烤火腿三明治

🍞 **材料**
全麦吐司3片，火腿片2片，生菜2片

🍶 **调料**
甜酱1小匙

📋 **做法**
1. 生菜洗净，泡入冷开水中至变脆，捞出沥干水分备用。
2. 火腿片放入烤箱以150℃烤约2分钟，取出备用。
3. 全麦吐司一面抹上甜酱，备用。
4. 取全麦吐司为底，依序放入1片生菜、1片火腿片，盖上另1片全麦吐司，再依序放入1片生菜、1片火腿片，盖上最后1片全麦吐司，稍微压紧，切除四边，再对切成两份即可。

照烧肉片三明治

🍞 **材料**
去边白吐司3片，猪肉片150克，洋葱丝10克，葱段2克，红甜椒丝2克，生菜2片，苹果1/2个，水菜2克

🍶 **腌料**
酱油1/2大匙，鸡蛋1个，淀粉1/2大匙，糖1/4小匙，胡椒1/4小匙

📋 **做法**
1. 猪肉片加入腌料拌匀备用。
2. 热锅炒香葱段、洋葱丝，加入猪肉片以小火炒匀取出，备用。
3. 苹果削皮切片后泡冰盐水，以防止苹果氧化变黑，泡完捞起沥干备用。
4. 白吐司放入烤面包机中烤至呈金黄色取出。
5. 依序叠上1片吐司、水菜、猪肉片、1片吐司、苹果片、红甜椒丝、生菜、1片吐司，取吐司刀对切成两份即可。

营养三明治

📖 材料

温水	100毫升
酵母	1/4小匙
高筋面粉	500克
酥油	30克
吐司粉	50克
甜玉米粒	50克
卤蛋片	4片
西红柿片	4片
生菜	2片
小黄瓜片	2片
火腿片	2片

🧂 调料

传统甜酱	1大匙
（做法见160页）	

📋 做法

1. 酵母加入温水中静置约5分钟至发酵。
2. 加入高筋面粉拌匀，再加入酥油，放入发酵机中等待发酵，约30分钟取出。
3. 将面团分割成4份，揉成球后擀成小橄榄状。
4. 将面团均匀蘸上吐司粉。
5. 将油锅加热至100℃后放入面团，以小火炸熟，取出沥油，即是船形面包。
6. 取船形面包，从中间切开后，放入烤箱内以150℃烤至呈金黄色后取出。
7. 将甜玉米加入调料拌匀后，填入船形面包内。
8. 再摆入生菜、卤蛋片、西红柿片、小黄瓜片、火腿片即可。

总汇三明治

材料

全麦吐司	4片
培根片	1片
生菜	5克
黄瓜片	2克
火腿片	1片
干酪片	1片
西红柿片	5克
紫洋葱片	2克
鸡蛋	1个
苜蓿芽	2克

调料

传统甜酱	1小匙

（做法见160页）

做法

1. 将全麦吐司放入烤面包机中烤至呈金黄色取出，涂上甜酱备用。

2. 锅内放入少许食用油，以小火煎熟鸡蛋、培根、火腿片；生菜泡冰水后沥干，备用。

3. 依序叠上1片吐司、苜蓿芽、紫洋葱片、干酪片、火腿片、1片吐司、西红柿片、煎蛋、生菜、1片吐司、培根、黄瓜片、1片吐司，再以牙签固定。

4. 取吐司刀切除四边后，斜对角切成四个三角形三明治即可。

焗烤金枪鱼玉米三明治

材料
去边白吐司 3片
罐装金枪鱼 150克
甜玉米粒 30克
小黄瓜丝 20克
干酪丝 100克
紫洋葱 100克

调料
传统甜酱 1大匙
（做法见160页）

做法
1. 金枪鱼加入甜玉米粒和1/2大匙的甜酱拌匀备用。
2. 吐司一面撒上干酪丝，放入烤箱，以200℃烤约5分钟至呈金黄色后取出，另一面涂上1/2大匙甜酱。
3. 依序叠上1片吐司、小黄瓜丝、紫洋葱、1片吐司、金枪鱼玉米、1片吐司，对角切开即可。

鸡蛋土豆沙拉三明治

🍔 材料

全麦吐司	2片
熟鸡蛋	1个
土豆	50克
三色豆	10克
生菜	2片
紫洋葱圈	4片

🧂 调料

A

传统甜酱	1大匙

（做法见160页）

胡椒粉	少许
盐	少许

B

传统甜酱	1大匙

（做法见160页）

📖 做法

1. 水煮熟鸡蛋冷却后去壳切碎，放入大碗中备用。

2. 土豆洗净去皮切丁，与三色豆一起放入滚水中烫熟，捞出沥干水分，取适量土豆丁压成泥，再一起放入碗中，加入调料A拌匀成鸡蛋土豆沙拉备用。

3. 生菜剥下叶片，洗净，泡入冷开水中至变脆，捞出沥干水分。

4. 紫洋葱圈泡入冷开水中至变脆，捞出沥干水分；全麦吐司放入烤箱，以150℃略烤至呈金黄色，取出，一面抹上调味料B，备用。

5. 取一片全麦吐司，依序放入生菜、鸡蛋土豆沙拉和紫洋葱圈，盖上另一片全麦吐司即可。

火腿猪排三明治

材料
去边白吐司 3片
生菜 2克
火腿 1片
里脊肉片 1片
洋葱丝 5克
鸡蛋 1个
牛奶 10毫升

腌料
酱油 1/4小匙
鸡蛋 5克
面粉 1/4小匙
吐司粉 1/4小匙

调料
传统甜酱 1小匙
（做法见160页）

做法
1. 洋葱丝泡冷水5分钟，捞起沥干；鸡蛋加入牛奶拌匀；白吐司均匀裹上蛋液，备用。
2. 热锅，锅内放入少许食用油，以小火煎熟裹上蛋液的吐司，备用。
3. 里脊肉片加入所有腌料拌匀，锅内放入少许食用油以小火煎熟，并略煎火腿片，备用。
4. 依序叠上1片吐司、生菜、里脊肉片、吐司、火腿片、洋葱丝、1片吐司即可。

蓝带猪排三明治

🍖 材料

猪里脊肉	200克
干酪片	1片
猪排酱	适量
色拉油	适量
去边白吐司	2片
奶油	少许
生菜	适量
西红柿片	2片
圆白菜丝	适量
洋葱丝	少许
低筋面粉	适量
蛋液	适量
吐司粉	适量

🧂 腌料

盐	适量
白胡椒粉	适量
味淋	1/2大匙

📖 做法

❶ 将猪里脊肉分成2片，再分别将每一片猪排横刀剖开不切断，并以刀尖断筋处理。

❷ 将猪里脊肉摊平，抹上盐，撒上白胡椒粉，加味淋腌10分钟，备用。

❸ 将腌好的两片猪里脊肉重叠，中间夹入一片干酪片。

❹ 将肉片依序蘸上低筋面粉、蛋液、吐司粉。

❺ 锅中倒入适量色拉油烧热至180℃，放入猪里脊肉片炸至两面金黄酥脆后捞起沥油。

❻ 去边白吐司烤至微黄，趁热抹上奶油，取一片吐司，依序放上生菜、炸猪排、西红柿片、圆白菜丝、洋葱丝，再淋上猪排酱对折即可，重复此步骤，完成另一份。

炭烤猪排三明治

🥖 材料
去边白吐司3片，西红柿片5克，里脊肉片1片，小豆苗2克，黄瓜片5克

🍶 腌料
酱油1/4小匙，鸡蛋5克，面粉1小匙，吐司粉1小匙

🍶 调料
传统甜酱1小匙（做法见160页）

📋 做法
1. 将里脊肉片加入所有腌料拌匀，放上炭烤炉烤熟，备用。
2. 白吐司放上炭烤炉烤香后，抹上甜酱，备用。
3. 依序叠上1片吐司、小豆苗、炭烤猪排、1片吐司、黄瓜片、西红柿片、1片吐司。
4. 取面包刀对角切成两份即可。

培根火腿三明治

🥖 材料
面包1段，培根火腿1片，生菜2片，紫圆白菜丝20克，圆白菜丝10克，西红柿片4片

🍶 调料
黑胡椒粉适量，黄芥末酱适量，传统甜酱适量（做法见160页）

📋 做法
1. 将面包切开，抹上黄芥末酱和适量的传统甜酱。
2. 在面包上依序放入生菜、紫圆白菜丝、西红柿片、培根火腿、圆白菜丝，最后再撒上黑胡椒粉即可。

杂粮总汇三明治

🍔 材料

杂粮吐司	3片
香料鸡肉	1付
培根	1片
西红柿片	3片
干酪片	1片
蛋皮	1张
水煮蛋片	适量
洋葱圈	10克
生菜	2片
紫洋葱圈	10克
酸黄瓜碎	适量
奶油	适量

🍶 调料

芥末蜂蜜甜酱	适量

📋 做法

① 将杂粮吐司涂上奶油，表皮烤酥备用。

② 放上吐司，涂上芥末蜂蜜甜酱，依序放上生菜、蛋皮、培根、西红柿片及洋葱圈后，再盖上一片吐司，涂上芥末蜂蜜甜酱，依序放上生菜、香料鸡肉、干酪片与水煮蛋片，最后放上紫洋葱圈，撒上酸黄瓜碎，再盖上最后一片吐司，整个对半切开即可。

美味私房招

香料鸡肉

材料

鸡胸肉200克，红椒粉15克，黑胡椒粉10克，红糖10克，盐5克

做法

1.将红椒粉、黑胡椒粉、红糖及盐一起混合，放入鸡胸肉腌渍10分钟。

2.将腌好的鸡胸肉放入烤箱，以150℃低温烤20分钟即可。

酸辣三明治

材料
面包1段，猪肉片50克，红辣椒末1/4小匙，葱段1/4小匙，西红柿丁2克，生菜1片

调料
酸辣酱1/2大匙

做法
1. 将面包从中间切开，但别切断，放入烤箱内以150℃烤至呈金黄色后取出，中间铺上生菜备用。
2. 取炒锅，炒香红辣椒末、葱段，加入猪肉片、西红柿丁、调料以小火炒匀，备用。
3. 将馅料夹入面包内即可。

黑胡椒牛排三明治

材料
去边全麦吐司3片，红黄卷须生菜各2片，菲力牛排150克，红甜椒片2片，黄甜椒片2片

腌料
盐1/4小匙，黑胡椒1/2小匙

调料
黄芥末酱1小匙

做法
1. 菲力牛排加入所有腌料拌匀，锅内放入少许食用油以小火煎熟牛排，备用。
2. 全麦吐司放入烤面包机中烤至呈金黄色取出，涂上黄芥末酱备用。
3. 依序叠上1片吐司、红卷须生菜、1片吐司、双色甜椒片、菲力牛排、黄卷须生菜、1片吐司即可。

咖哩鸡肉三明治

🍞 材料
去边白吐司	2片
胡萝卜末	10克
鸡胸肉末	150克
洋葱末	5克
咖哩粉	1/2大匙
香芹末	少许

🧂 腌料
盐	1/4小匙
蛋	1/2个
淀粉	1/4小匙
糖	1/4小匙
胡椒	1/4小匙

🧂 调料
传统甜酱	1小匙
（做法见160页）	

🍳 做法
1. 鸡胸肉末加入腌料拌匀，备用。
2. 锅内放入少许食用油，炒香洋葱末、胡萝卜末、咖哩粉、腌好的鸡肉末，即为咖哩鸡肉。
3. 白吐司放入烤面包机中烤至金黄取出，涂上甜酱，依序叠上一片吐司、咖哩鸡肉、一片吐司，撒上香芹末后，对角切开即可。

香草牛肉三明治

材料
香草面包	1个
牛肉片	150克
水菜	20克
生菜	2片

调料
黄芥末酱	1/2大匙
综合香料	适量

做法
1. 香草面包对切两刀但不切断，放入烤箱内以150℃烤至呈金黄色后取出，抹上黄芥末酱。
2. 牛肉片撒上少许盐、胡椒、综合香料，放入锅中以小火煎熟。
3. 依序夹入水菜、生菜、牛肉片即可。

牛肉总汇三明治

材料

白吐司	3片
牛肉汉堡肉饼	1个
荷包蛋	1个
生菜	1片
洋葱丝	适量
苜蓿芽	5克
西红柿片	1片
火腿片	1片

调料

甜酱	适量

做法

1. 生菜泡入冷开水中，捞出沥干水分。
2. 白吐司一面抹上甜酱，备用。
3. 取一片白吐司为底，依序放入生菜、牛肉汉堡肉饼和洋葱丝，盖上另一片白吐司，再依序放入苜蓿芽、荷包蛋、火腿片和西红柿片，盖上最后一片白吐司，压紧，切除吐司边再对切即可。

美味私房招

牛肉汉堡肉饼

材料

牛绞肉60克，洋葱末10克，胡萝卜末5克，鸡蛋液10克，吐司粉1/2大匙，面粉2大匙

调料

胡椒粉1/4小匙，盐1/4小匙，意大利香料1/4小匙

做法

牛绞肉剁碎成半肉泥状放入碗中，加入所有调料和其余材料拌匀，略摔至有弹性后捏成圆饼，放入热锅中以小火煎至变色，再略压使肉饼变薄，翻面继续煎至熟透即可。

干酪牛肉三明治

材料
A 牛肉片100克,干酪丝30克,蛋液100克,面粉2大匙,面包粉2大匙 B 白吐司2片,莴苣叶1片,西红柿片2片

调料
传统甜酱1大匙(做法见160页)

做法
1. 牛肉片洗净擦干,放入干酪丝包起来,均匀蘸上鸡蛋液、面粉、面包粉,放入150℃的油锅中炸至表面呈金黄色,取出沥油备用。
2. 莴苣叶洗净,泡入冷开水中使其变脆,捞出沥干;白吐司分别抹上甜酱,备用。
3. 以一片吐司为底,依序放入莴苣叶,西红柿片和牛肉饼,盖上另一片白吐司,压紧即可。

鸡腿酸菜三明治

材料
拖鞋面包1个,去骨鸡腿300克,酸菜30克,红绿卷须生菜2片,西红柿片2片

调料
凯萨沙拉酱1/2大匙(做法见160页)

做法
1. 拖鞋面包对切后,放入烤箱内以150℃烤至呈金黄色后取出,抹上凯萨沙拉酱备用。
2. 去骨鸡腿撒上少许盐、黑胡椒(材料外),放入烤箱内以180℃烤约15分钟至熟后取出,备用。
3. 依序叠上半边拖鞋面包、红绿卷须生菜、西红柿片、烤好的去骨鸡腿、酸菜、凯萨沙拉酱、另一半拖鞋面包即可。

芥末炸鸡三明治

🥪 材料

厚片吐司	1片
鸡肉	100克
生菜	20克
西红柿片	10克
蛋液	适量
面粉	1大匙
吐司粉	2大匙

🫙 腌料

盐	1/4小匙
胡椒粉	1/4小匙

🫙 调料

黄芥末酱	1大匙

🍱 做法

① 厚片吐司先对切成两等份，取其中一份，从中间切开，但不切断；鸡肉与所有腌料拌匀，腌约10分钟，备用。

② 将腌好的鸡肉，均匀裹上面粉，再蘸蛋液，接着蘸吐司粉后静置约5分钟。

③ 热油锅至180℃，放入鸡肉炸约5分钟至表面金黄酥脆，取出沥油。

④ 取吐司，夹入炸好的鸡肉、生菜和西红柿片，最后淋上黄芥末酱即可。

鸡肉三明治

材料
面包1段，鸡胸肉100克，香菜段1/4小匙，豆芽菜10克，青木瓜丝少许，生菜片2片，圣女果片2片

调料
酸辣酱适量

做法
1. 生菜泡入冷开水中至变脆，捞出沥干；豆芽菜洗净，去除头尾，备用。
2. 鸡胸肉洗净切丝，放入小碗中，加入酸辣酱拌匀并腌约5分钟备用。
3. 热锅倒入少量食用油烧热，加入鸡胸肉，以中火炒至鸡肉丝变白，再加入青木瓜丝、圣女果片和豆芽菜拌炒至软化入味盛出。
4. 面包中央切开但不切断，依序夹入生菜和鸡胸肉馅，最后撒上香菜段即可。

熏鲑鱼洋葱三明治

材料
可颂吐司2个，烟熏鲑鱼100克，洋葱丝10克，红卷须生菜2片

调料
凯萨沙拉酱1小匙（做法见160页）

做法
1. 可颂吐司放入烤箱内，以150℃烤约3分钟后取出，再从侧边切开但不切断，里面抹上凯萨沙拉酱备用。
2. 依序夹入红卷须生菜、洋葱丝、烟熏鲑鱼即可。

水煮鸡肉三明治

材料

面包	1段
鸡胸肉	300克
西红柿片	2片
红莴苣叶	1片
绿莴苣叶	1片
苜蓿芽	2克
色拉油	1大匙

调料

黑胡椒粉	1/2大匙
传统甜酱	适量

（做法见160页）

做法

1. 鸡胸肉洗净，放入适量滚水中，锅中加入色拉油，以中火烫煮至滚开，熄火加盖焖约15分钟，捞出沥干水分，均匀撒上黑胡椒粉，待冷却后切薄片备用。

2. 红莴苣叶、绿莴苣叶均洗净，泡入冷开水中至变脆，捞出沥干水分；苜蓿芽洗净，沥干水分备用。

3. 面包从中间切开但不切断，内面均匀抹上适量甜酱，依序夹入红莴苣叶、绿莴苣叶、苜蓿芽、鸡胸肉片和西红柿片即可。

迷迭香烤鸡三明治

🍞 **材料**
面包1段，鸡腿肉80克，西红柿片1片，红莴苣叶1片，绿莴苣叶1片

🧂 **调料**
迷迭香5克，黄芥末酱1小匙，传统甜酱适量（做法见160页）

🍴 **做法**
① 鸡腿肉洗净，放入小碗中，加入迷迭香充分拌匀并腌约10分钟，再放入平底锅中，加少许食用油以中火煎至表面略呈金黄色，盛出再移入烤箱以150℃烘烤约10分钟，取出备用。
② 红莴苣叶和绿莴苣叶均洗净，泡入冷开水中至变脆，捞出沥干水分备用。
③ 面包从中间切开，放入烤箱以150℃烤至呈金黄色，取出抹上甜酱，中间夹上莴苣叶片、西红柿片、鸡腿肉，淋上黄芥末酱即可。

熏鸡栉瓜三明治

🍞 **材料**
面包1个，熏鸡肉片50克，黄栉瓜片10克，绿栉瓜片10克，西红柿片2片

🧂 **调料**
凯萨沙拉酱1/2大匙（做法见160页）

🍴 **做法**
① 面包对切后放入烤箱内以150℃烤至呈金黄色后取出，抹上凯萨沙拉酱备用。
② 依序叠上半边面包、绿栉瓜片、西红柿片、熏鸡肉片、黄栉瓜片、另半边面包即可。

熏鲑鱼生菜可颂

🍞 材料
烟熏鲑鱼100克，水芹菜5克，可颂吐司1个，生菜叶1片，红卷须生菜5克

🧂 调料
甜酱1小匙

🍱 做法
1. 可颂吐司横切但不切断，放入烤箱以150℃烤约1分钟后取出。
2. 将可颂吐司中夹入红卷须生菜、生菜叶、烟熏鲑鱼，挤上甜酱，最后摆上水芹菜即可。

烟熏鲑鱼贝果三明治

🍞 材料
贝果1个，烟熏鲑鱼1片，酸豆适量，生菜1片，洋葱丝适量

🧂 调料
芥末酱少许

🍱 做法
1. 将贝果放进烤箱略烘烤过，横剖成两半，分别抹上芥末酱。
2. 取一片贝果，从底层依序放上生菜、烟熏鲑鱼、酸豆、洋葱丝，最后将另一半的贝果放置在最上面即可。

鲜虾黄瓜三明治

材料

全麦吐司　　3片
鲜虾仁　　　100克
玉米粒　　　10克
红卷须生菜　2片
小黄瓜丝　　5克
生菜丝　　　5克

调料

传统甜酱　　1小匙
（做法见160页）

做法

1. 虾仁入沸水中焯烫后，取出泡冰水，沥干备用。
2. 将虾仁加入甜酱和玉米粒拌匀，备用。
3. 全麦吐司放入烤箱内，以150℃烤约3分钟后取出。
4. 依序放上1片吐司、生菜丝、红卷须生菜、虾仁玉米馅、1片吐司、小黄瓜丝、1片吐司，对切即可。

虾仁豆浆烘蛋贝果

材料
全麦贝果1个，虾仁6尾，鸡蛋1个，豆浆15毫升，西红柿片1/2个，小黄瓜片1/2根

调料
盐适量，黑胡椒粉适量，甜酱1小匙

做法
1. 将鸡蛋和甜酱拌匀后加入豆浆、盐、黑胡椒粉搅拌均匀。
2. 热锅，放入少许食用油，将虾仁煎至上色，然后加入蛋液炒熟。
3. 贝果横剖切开，放入烤箱中微烤，取出依序放入西红柿片、虾仁蛋和小黄瓜片即可。

海鲜炒面三明治

材料
船形面包1个，什锦海鲜50克，油面20克，葱段2克，洋葱丝5克，生菜1片

调料
传统甜酱 1/2大匙（做法见160页），酱油1/4小匙，胡椒1/4小匙，水1大匙

做法
1. 船形面包中间切开但不切断，放入烤箱以150℃烤至呈金黄色后取出，中间铺生菜，备用。
2. 锅内放入少许食用油，炒香葱段、洋葱丝，加入什锦海鲜、油面、所有调料以小火炒匀。
3. 将做法2材料直接填入船形面包内即可。

柠檬炸虾三明治

材料

厚片吐司	1片
鸡蛋	1个
草虾	3只
西红柿片	2片
低筋面粉	20克
吐司粉	2大匙
豌豆苗	2克

调料

盐	1/4小匙
胡椒粉	1/4小匙
柠檬汁	5毫升
甜酱	1/2小匙

做法

1. 厚片吐司对切，放入烤箱烤至呈金黄色后取出；鸡蛋和低筋面粉拌匀成面糊，备用。
2. 草虾去壳去肠泥，加入所有调料，蘸裹面糊，再蘸上吐司粉。
3. 热油锅至170℃，放入虾仁，炸约2分钟至熟，取出沥油。
4. 依序将西红柿片、豌豆苗、炸虾夹入吐司并淋上甜酱即可。

咖哩炒面三明治

🍞 **材料**

船形面包1个，泡面1包，虾仁40克，洋葱丝10克，胡萝卜丁10克，生菜2片

🥫 **调料**

咖哩粉少许，甜酱1小匙

🍽 **做法**

❶ 泡面放入滚水中烫软，捞出沥干水分备用；虾仁去除肠泥，洗净备用。

❷ 生菜洗净，泡冷开水中至变脆，沥干水分备用。

❸ 热锅倒入少许食用油烧热，放入虾仁、洋葱丝、胡萝卜丁以中火略炒，再加入咖哩粉炒匀，最后加入泡面及甜酱炒匀，盛出备用。

❹ 船形面包从中间切开，放入烤箱中，以150℃略烤至呈金黄色，取出依序夹入生菜叶和虾仁馅，稍微压紧即可。

金枪鱼贝果

🍞 **材料**

原味贝果1个，金枪鱼罐头1罐，生菜2片，洋葱末1/2个，西红柿片6片，紫洋葱圈少许

🥫 **调料**

盐少许，沙拉酱100克，黑胡椒粉少许

🍽 **做法**

❶ 将金枪鱼肉取出，沥干油分，加入洋葱末、沙拉酱及黑胡椒粉、盐拌匀备用。

❷ 取贝果横切，先涂上拌好的金枪鱼沙拉，再依序放入生菜、西红柿片，再铺上一层金枪鱼沙拉，最后放上紫洋葱圈即可。

明太子沙拉三明治

材料

白吐司	2片
明太子	150克
洋葱末	30克
生菜	2片
绿卷须菜	2片

调料

传统甜酱	1小匙
（做法见160页）	

做法

1. 明太子加入洋葱末、甜酱拌匀，备用。
2. 白吐司放入烤面包机中烤至呈金黄色取出，备用。
3. 依序叠上1片吐司、生菜、绿卷须菜、明太子、1片吐司即可。

115

菠萝三明治

🍞 材料

白吐司	2片
火腿片	1片
菠萝片	2片
绿莴苣叶	2片

🧂 调料

夏威夷风味甜酱	适量
黑胡椒粉	适量
芥末酱	适量
传统甜酱	适量

（做法见160页）

🍳 做法

1. 火腿片放入抹油的平底锅中略煎至有香味，撒上黑胡椒、芥末酱，盛出备用。
2. 绿莴苣叶洗净，泡入冷开水中至变脆，捞出沥干水分。
3. 白吐司放入烤箱中，以150℃略烤至呈金黄色，将一面抹上夏威夷风味甜酱，备用。
4. 取一片白吐司为底，依序放入绿莴苣叶、火腿片和菠萝片，淋上剩余的夏威夷风味甜酱，盖上另一片白吐司即可。

美味私房招

夏威夷风味甜酱

材料

番茄酱1小匙，传统甜酱（做法见160页）1小匙，菠萝汁1/4小匙

做法

将番茄酱和甜酱放入碗中搅拌均匀，再将菠萝汁加入其中再次拌匀即可。

熏鸡镶蔓越莓

🍱 材料
去边厚片吐司2片,熏鸡片100克,蔓越莓干30克,鸡蛋1个,奶油1/2小匙

🧂 调料
糖粉1/4小匙

🍴 做法
1. 鸡蛋拌匀成蛋液,备用。
2. 将厚片吐司均匀蘸上蛋液。
3. 起锅,放入奶油、厚片吐司,煎至呈金黄色取出。
4. 将50克的熏鸡片放于厚片吐司上,再放上蔓越莓干,接着叠上剩余熏鸡片,再叠一片厚片吐司,对角切成两块,撒上糖粉即可。

厚蛋三明治

🍱 材料
Ⓐ 汉堡1个,奶油适量,熟培根1片,生菜1片,色拉油适量 Ⓑ 鸡蛋1个

🧂 调料
盐适量,白胡椒粉适量,高汤2大匙

🍴 做法
1. 将材料B和所有调料混合拌匀后成蛋液,备用。
2. 取平底锅,倒入色拉油加热,用小火将蛋液煎成薄蛋皮,趁热折叠数次。
3. 将汉堡放进烤箱略微烘烤,横剖开不切断,上下两片都抹上奶油,依序夹入生菜、熟培根、折叠好的蛋皮即可。

可乐饼三明治

材料

多拿滋面包 1个
猪绞肉 200克
洋葱末 30克
胡萝卜末 20克
柴鱼片 10克
西红柿片 2片
紫洋葱 2片
生菜叶 2片
面包粉 2大匙

腌料

盐 1/4小匙
胡椒粉 1/4小匙
淀粉 1大匙

调料

芥末酱 1/2大匙

做法

1. 多拿滋面包对切，放入烤箱内以150℃烤至呈金黄色后取出，抹上芥末酱备用。

2. 猪绞肉加入洋葱末、胡萝卜末和所有腌料拌匀后，捏成圆扁状，再蘸上面包粉，即成可乐饼。

3. 油锅加热至约150℃，放入可乐饼以小火炸熟，取出沥油，备用。

4. 依序叠上半边多拿滋面包、生菜叶、西红柿片、紫洋葱、可乐饼、柴鱼片、另半边多拿滋面包即可。

干酪蛋烧饼

材料

烧饼2个，火腿片1片，鸡蛋2个，西红柿丁80克，青椒圈3个，苜蓿芽少许，干酪丝40克

调料

盐少许，黑胡椒粉少许，番茄酱少许，沙拉酱少许

做法

1. 烧饼横切成两片，抹上沙拉酱；火腿片对角切。
2. 鸡蛋打入碗中搅散，加入西红柿丁、盐、黑胡椒粉和干酪丝拌匀，放入锅中煎成长方形备用。
3. 取烧饼，夹入青椒圈、苜蓿芽、火腿片、干酪蛋，再挤上番茄酱，盖上另一片烧饼即可。

土豆嫩蛋三明治

材料

去边白吐司8片，熟土豆丁100克，鸡蛋3个，牛奶50毫升

调料

传统甜酱1大匙（做法见160页）

做法

1. 白吐司放入烤面包机中烤至呈金黄色取出。
2. 鸡蛋加入牛奶拌匀，倒入锅中快速炒匀取出，备用。
3. 熟土豆丁加入嫩蛋和甜酱拌匀。
4. 取吐司夹入土豆馅，对切即可。

吐司三明治

材料
厚片吐司1片，鲜奶50毫升，鸡蛋2个，火腿1片，干酪片2片

调料
盐少许，黑胡椒粉少许

做法
1. 先将厚片吐司用刀在中间划开，把火腿片与干酪片塞入其中，备用。
2. 将鸡蛋与所有调料一起搅拌均匀，再放入厚片吐司，均匀蘸裹蛋液。
3. 取平底锅，热锅，放入厚片吐司，以小火煎至双面上色即可。

牛奶火腿三明治

材料
白吐司4片，牛奶100克，鸡蛋液适量，吐司粉150克，干酪片3片，火腿片3片，生菜叶3片

做法
1. 将白吐司四边切掉，先蘸牛奶，再蘸蛋液，最后蘸上吐司粉，稍微压一下防止吐司粉掉落。
2. 取平底锅，用中火将吐司两面煎至呈金黄色备用。
3. 四片吐司中间各夹入一片干酪片、火腿片、生菜片，再对半切开即可。

蔬菜沙拉贝果三明治

材料
贝果	1个
葡萄干	适量
生菜	1片
西红柿片	2片
水煮蛋片	3片
紫甘蓝丝	少许

调料
原味干酪酱	适量

做法

❶ 将贝果放进烤箱略烘烤过，横剖成两半，分别抹上原味干酪酱。

❷ 取一片贝果，在底层放上葡萄干后，依序放上生菜、西红柿片、水煮蛋片和紫甘蓝丝，然后将另一半贝果放置在最上面即可。

蛋沙拉可颂

🍞 材料
大可颂2个，生菜2片，生菜丝少许，西红柿片6片，水煮蛋片8片

🧂 调料
沙拉酱适量，千岛沙拉酱少许（做法见160页）

🍴 做法
1. 大可颂从中间横切一刀但不切断，放入烤箱中烤软备用。
2. 取大可颂，在切面涂抹上沙拉酱，依序放入生菜片、生菜丝、西红柿片和水煮蛋片，再挤上千岛沙拉酱即可。

起酥三明治

🍞 材料
吐司4片，干酪片1片，火腿1片，肉松2大匙，起酥片2片

🧂 调料
沙拉酱少许

🍴 做法
1. 先将吐司抹上沙拉酱，再取吐司，均匀撒上肉松，叠上一片吐司，放上干酪片，再叠上一片吐司，放上火腿片，最后再放上吐司，略施力紧压一下。
2. 将三明治对切成两等份，再包裹上起酥片。
3. 在表面刷上蛋液（材料外）后，以叉子戳洞，放入烤盘中，以上火220℃、下火180℃烤15~20分钟至表面金黄酥松即可。

火腿可颂

材料
可颂吐司1个，生菜适量，火腿片2片，切达干酪片1片，高达干酪片1片，奶油适量

做法
1. 将生菜洗净泡冰水，沥干备用。
2. 可颂吐司横切，涂上奶油，放入烤箱烤热后取出备用。
3. 火腿片、干酪片斜切成三角片，一层火腿一层干酪卷起。
4. 将生菜与火腿干酪卷分别夹入可颂吐司即可。

> **美味私房招**
> 以含有大量油脂的面团重叠而制成的可颂吐司，经过烘烤后会带有浓浓的奶油香，非常适合搭配水果、蔬菜等清爽的馅料，而且两者搭配后的口感不油腻。

红豆西洋梨三明治

材料
丹麦吐司2片，西洋梨片50克，甜红豆20克，薄荷叶片2克

调料
传统甜酱1小匙（做法见160页）

做法
1. 丹麦吐司放入烤面包机中烤至金黄，涂上甜酱备用。
2. 依序叠上1片吐司、薄荷叶片、西洋梨片、甜红豆、1片吐司即可。

橄榄鲜蔬杂粮三明治

材料

杂粮面包	1段
红心橄榄	6颗
红莴苣叶	2片
绿莴苣叶	2片
西红柿片	3片
洋葱圈	3个
黄瓜	3片

调料

黄芥末酱	1大匙
甜酱	1小匙
盐	适量

做法

1. 红莴苣叶、绿莴苣叶均洗净，泡入冷开水中至变脆，捞出沥干水分；洋葱圈泡入冷开水中至变脆，捞出沥干水分，备用。

2. 黄瓜片放入碗中，加入少许盐略抓，静置约5分钟至出水，倒出水分再以冷开水冲洗，沥干水分备用。

3. 红心橄榄取出，沥干水分切片备用。

4. 杂粮面包横切开但不切断，内面均匀抹上甜酱，依序夹入红莴苣叶、绿莴苣叶、西红柿片、黄瓜片、洋葱圈，最后撒上红心橄榄片并淋上黄芥末酱即可。

生机三明治

材料
胚芽葡萄吐司1片，紫圆白菜丝适量，苜蓿芽适量，松子少许，葡萄干少许，苹果丝适量

调料
甜酱 30毫升，原味优格15克

做法
① 取容器，将所有材料（吐司除外）混合备用。
② 所有调料混合拌匀成酱汁。
③ 胚芽葡萄吐司纵向切开，但不切断，塞入混合好的馅料，再淋上调匀的酱汁即可。

全麦蔬果三明治

材料
全麦吐司4片，紫圆白菜丝适量，西红柿片4片，苜蓿芽适量，苹果片2片，弥猴桃片4片，酸奶10克

调料
沙拉酱10克，蜂蜜12克

做法
① 沙拉酱加酸奶和蜂蜜混合拌匀备用。
② 全麦吐司分别涂上拌好的酸奶蜂蜜抹酱。
③ 取一片吐司，在有抹酱的一面，放上紫圆白菜丝，叠上另一片吐司，放入苜蓿芽和西红柿片后，叠上另一片吐司，再放入苹果片和弥猴桃片，并叠上最后一片吐司，对角切成两等份即可。

蔬菜烘蛋三明治

🥪 材料

全麦吐司	3片
鸡蛋	2个
洋葱丝	5克
胡萝卜丝	2克
葱段	5克
圆白菜丝	10克
生菜片	10克
西红柿片	3片

🍶 调料

胡椒粉	少许
盐	少许
奶油	1小匙
传统甜酱	1小匙

（做法见160页）

🍳 做法

① 鸡蛋打入碗中搅散，加入胡椒粉和盐再次拌匀备用。

② 平底锅倒入少许食用油烧热，放入洋葱丝、胡萝卜丝、圆白菜丝和葱段，小火炒出香味，倒入鸡蛋液摊平，改中火烘至蛋液熟透，盛出后切成与吐司相同大小的方片备用。

③ 全麦吐司一面抹上奶油，放入烤箱中，以150℃略烤至呈金黄色。

④ 取一片全麦吐司为底，依序放入生菜片、西红柿片，盖上另一片全麦吐司，放上烘蛋片并淋上甜酱，再放上一片全麦吐司，压紧，切除吐司边，再对角切即可。

高纤蔬菜三明治

材料
五谷杂粮吐司3片，黄瓜丝20克，苜蓿芽5克，甜玉米粒10克，小豆苗5克，生菜丝2克，胡萝卜丝10克

调料
番茄酱1小匙

做法
1. 五谷杂粮吐司放入烤面包机中烤至呈金黄色，涂上番茄酱，备用。
2. 依序叠上1片吐司、小豆苗、苜蓿芽、胡萝卜丝、1片吐司、生菜丝、玉米粒、黄瓜丝、1片吐司。
3. 用吐司刀从中间对切成两份即可。

青蔬贝果三明治

材料
原味贝果1个，西红柿片3片，卷叶莴苣叶2片，酸黄瓜片3片，苜蓿芽少许，玉米粒1大匙，干酪片1片

调料
千岛沙拉酱适量（做法见160页）

做法
1. 原味贝果横切成两片，抹上千岛沙拉酱备用。
2. 依序夹入卷叶莴苣叶、苜蓿芽、玉米粒、干酪片、西红柿片和酸黄瓜片，再淋上适量的千岛沙拉酱，并盖上另一片贝果即可。

蜜桃甜瓜三明治

材料
丹麦吐司4片，水蜜桃片30克，哈密瓜片20克

调料
传统甜酱1小匙（做法见160页）

做法
1. 将哈密瓜片与水蜜桃片加入甜酱拌匀，备用。
2. 丹麦吐司放入烤面包机中烤至呈金黄色取出，夹入水果馅料即可。

苹果芦笋三明治

材料
去边白吐司4片，熟芦笋段50克，苹果片30克

调料
传统甜酱1大匙（做法见160页）

做法
1. 吐司涂上甜酱。
2. 依序叠上1片吐司、苹果片、1片吐司、熟芦笋段、1片吐司、苹果片、1片吐司，对切即可。

草莓干酪三明治

材料
白吐司2片，干酪片1片，西红柿片4片，绿莴苣叶1片

调料
草莓优格1小匙，甜酱1大匙

做法
1. 绿莴苣叶片洗净，泡入冷开水中至变脆，捞出沥干水分。
2. 所有调料放入小碗中，拌匀成草莓优格甜酱酱备用。
3. 白吐司放入烤箱中，以150℃略烤至呈金黄色，取其中一面抹上草莓优格甜酱酱，备用。
4. 取一片白吐司为底，依序放入绿色莴苣和西红柿片，淋上剩余的草莓优格甜酱酱，再盖上干酪片和另一片白吐司即可。

地瓜蒙布朗三明治

材料
地瓜200克，白豆沙50克，鲜奶油50克，熟蛋黄1个，奶油少许，去边吐司4片，挤花袋1个

做法
1. 地瓜去皮切片，泡入水中去除淀粉质后沥干，再放入蒸笼蒸15~20分钟至熟软后，捣成泥备用。
2. 熟蛋黄过筛后，与地瓜泥、白豆沙及鲜奶油搅拌均匀备用。
3. 将吐司烤上色后，涂上奶油，再将地瓜泥装至挤花袋中，挤至吐司上后，盖上另一片吐司，最后对切即可。

水果冻三明治

材料
全麦吐司2片，弥猴桃丁30克，苹果丁20克，红樱桃丁20克，吉力丁片2片

调料
水50毫升，细砂糖1小匙

做法
① 吉力丁片放入冰水中泡至软，取出沥干。

② 将调料放入小锅中加热至约60℃，熄火加入吉力丁拌匀至融化。

③ 将弥猴桃丁、苹果丁、红樱桃丁加入小锅中继续拌匀，放入底部与吐司大小接近的容器中，使水果丁分布均匀，移入冰箱冷藏20分钟以上至完全凝固成冻后，取出备用。

④ 取一片全麦吐司为底，放入水果冻，盖上另一片全麦吐司，稍微压紧，切除四边吐司边，再对切成4个小方块即可。

全麦水果卷

材料
苹果1/2个，草莓6个，青苹果1/2个，橘子1个，全麦吐司3片

调料
甜酱适量

做法
① 苹果、青苹果、草莓洗净切片；橘子洗净，去皮剥瓣。

② 铺一层保鲜膜，上面放上一片全麦吐司，涂抹适量甜酱，排入适量水果，卷起，切段后除去保鲜膜，放入盘中即可。

火腿苜蓿芽三明治

材料
裸麦吐司	1个
苜蓿芽	1/2盒
火腿	3片
小黄瓜	1/3根
西红柿	1个
洋葱	1/2个
蒜	2瓣
红辣椒	1/3个
香菜	1根

调料
A
甜酱	1大匙

B
盐	少许
黑胡椒	少许
墨西哥辣椒水	1小匙
橄榄油	2大匙
番茄酱	1大匙

做法
1. 将裸麦吐司略烤过，中间划刀，切开后抹上一层薄薄的甜酱；小黄瓜切片，备用。
2. 香菜、红辣椒、蒜、洋葱都切碎；西红柿切小丁，与调料B混合拌匀即成莎莎酱。
3. 在裸麦吐司内放入洗净的苜蓿芽，加入小黄瓜片、火腿片，再加入莎莎酱即可。

水蜜桃三明治

材料
白吐司3片，西红柿片4片，水蜜桃罐头1/2罐，生菜叶2片

调料
芝麻抹酱适量

做法
1 将白吐司先分别涂抹上芝麻抹酱备用。
2 取一片吐司，在有抹酱的一面，放上西红柿片、水蜜桃片，并叠上另一片吐司，再放入生菜叶和另一片吐司，对切成两等份即可。

火腿干酪三明治

材料
火腿2片，吐司2片，干酪片1片，鸡蛋2个

调料
甜酱适量，色拉油适量

做法
1 鸡蛋打散过筛，备用。
2 在两片火腿中夹入一片干酪片，再夹入两片吐司中。
3 将夹好的三明治双面蘸满蛋液。
4 取平底锅，烧热，倒入色拉油，再放入蘸满蛋液的三明治，双面煎至呈金黄色。
5 将煎好的三明治一面涂上甜酱，再对角切后重叠即可。

火腿三明治

材料
白吐司   2片
鸡蛋   1个
火腿片   1片
小黄瓜   1/2根
奶油   适量

调料
甜酱   适量

做法
1. 吐司放入烤箱中烤至两面呈金黄色备用。
2. 取平底锅烧热，放入奶油，打入鸡蛋，煎至两面金黄备用。
3. 锅中放入火腿片煎至边微焦，香味溢出。
4. 小黄瓜以盐搓洗冲水，刨成丝备用。
5. 取一片吐司，抹上甜酱，依序放上火腿片、小黄瓜丝和荷包蛋，再放上另一片抹了甜酱的吐司，对切成两等份摆盘即可。

烤肉三明治

🍞 材料

鸡蛋	2个
猪里脊	2片
吐司	3片
西红柿	1个
小黄瓜	1根
生菜	1片

🧂 腌料

酱油	1小匙
白砂糖	少许
香油	1小匙
蒜末	1小匙

🍞 调料

甜酱	1大匙

🍱 做法

❶ 猪里脊切片后拍扁，放入混合均匀的腌料中腌渍约 2分钟，再放入预热好的烤箱，以约190℃烤约5分 钟备用。

❷ 将鸡蛋煎熟；吐司烤上色后抹上甜酱；西红柿和小黄 瓜切片；生菜洗净，备用。

❸ 取烤好的吐司放入生菜、西红柿片、小黄瓜片与烤好 的猪里脊片、煎蛋即可。

培根干酪炒蛋三明治

🍞 材料

面包	1段
培根	30克
干酪丝	20克
鸡蛋	2个
洋葱末	5克
绿莴苣叶	3片
无盐奶油	1大匙

🧂 调料

番茄酱	1/2小匙
黑胡椒	少许

📋 做法

❶ 绿莴苣叶洗净，泡入冷开水中至变脆，捞出沥干水分；鸡蛋打入碗中搅散；培根切碎备用。

❷ 平底锅倒入少许食用油烧热，加入洋葱末和培根碎炒至呈金黄色，倒入鸡蛋液摊平，煎至八分熟熄火，向中央折成方形，移入烤盘，撒上干酪丝，放入烤箱以200℃烘烤至干酪丝融化且略呈金黄色取出。

❸ 面包对切，内面抹上无盐奶油，放入烤箱中，以150℃略烤至呈金黄色，取一片为底，依序放入绿莴苣叶、鸡蛋卷，淋上番茄酱、撒上黑胡椒，再盖上另一片稍微压紧即可。

鸡丝虾仁三明治

材料

面包	1/2根
鸡胸肉	100克
虾仁	50克
洋葱	1/3个
红甜椒	1/4个
生菜	2片
葱丝	少许

调料

黄芥末	1小匙
甜酱	1小匙
盐	少许
白胡椒粉	少许

做法

1. 鸡胸肉洗净后放入沸水中煮熟，再拔成丝备用。

2. 将虾仁放入沸水中焯烫，再捞起沥干；洋葱与红甜椒切成圈；所有调料放入容器中，搅拌均匀制成酱备用。

3. 面包切斜刀，再将搅拌好的酱涂抹在面包中间，放入生菜、加入洋葱圈，红甜椒圈、鸡肉丝、虾仁，最上面再加少许甜酱（分量外）、黑胡椒粉（调料外）和葱丝即可。

烧肉苹果三明治

🍞 材料

白吐司　　　　2片
烧肉片　　　　1份
去皮苹果片　　4片
苜蓿芽　　　　10克

🧂 调料

甜酱　　　　　1大匙

📋 做法

① 苜蓿芽洗净，沥干水分备用。

② 去皮苹果片以适量盐水浸洗一下，沥干备用。

③ 白吐司的一面抹上甜酱，备用。

④ 取一片白吐司，依序放上苜蓿芽、去皮苹果片和烧肉片，盖上另一片白吐司，稍微压紧，然后切除四边吐司边再对切成两份即可。

美味私房招

烧肉

材料

A.猪梅花肉片120克，洋葱丝20克，白芝麻1/4小匙
B.酱油1/2小匙，味啉1小匙，胡椒粉1/4小匙

做法

1.猪梅花肉片洗净沥干，加入材料B拌匀，腌约15分钟。
2.锅中倒入少许食用油烧热，放入猪梅花肉，以中火煎炒至七分熟，再加入洋葱丝拌匀后撒上白芝麻即可。

蛋沙拉熏鸡三明治

材料

吐司	2片
生菜	适量
土豆	1个
水煮蛋	1个
甜玉米粒	50克
烟熏鸡肉	适量

调料

盐	少许
白胡椒粉	少许
甜酱	适量
花生酱	适量

做法

1. 土豆去皮蒸熟，趁热捣成泥，备用。
2. 将水煮蛋的蛋黄过筛，蛋白切碎，烟熏鸡肉切丁，备用。
3. 将土豆泥、蛋白、蛋黄混合后，加入盐和白胡椒粉拌匀。
4. 将甜玉米粒、甜酱加入土豆泥中混合拌匀成蛋沙拉。
5. 将吐司烤至微黄色，趁热抹上花生酱，取一片吐司，依序放上蛋沙拉、生菜、烟熏鸡肉丁，再叠上第二片吐司，最后对切即可。

肉片茄汁干酪三明治

🍴 材料

梅花肉片	120克
干酪片	2片
全麦吐司	4片
蟹味菇	1/2包
蒜	2瓣
红甜椒丝	1/4个
洋葱丝	1/3个
生菜	2片
西红柿	1/3个

🧂 调料

番茄酱	2大匙
细砂糖	1小匙
酱油	1小匙
盐	少许
黑胡椒粉	少许
水	2大匙

📋 做法

❶ 蟹味菇去蒂切小段；蒜和西红柿切片；生菜洗净。

❷ 将1片全麦吐司放入锅中，摆上干酪片，以小火煎至上色后取出。

❸ 取锅，加入1大匙色拉油（材料外），放入洋葱丝、红甜椒丝、蒜片，以中火先爆香，再加入蟹味菇段、梅花肉片炒香，放入所有调料，以中火略煮至收汤汁。

❹ 取1片全麦吐司，铺上生菜、西红柿片和炒好的梅花肉片，再盖上煎好的全麦吐司即可。

黑胡椒牛肉贝果

🥖 材料

贝果	1个
黑胡椒牛肉火腿	30克
柳橙	1个
西红柿	1/3个
西蓝花	10克
洋葱	50克
生菜	15克
奶油	适量

🧂 调料

盐	少许
甜酱	50克

📋 做法

❶ 将柳橙一部分去皮取肉，剩下的部分挤汁，与甜酱混合成为橙香甜酱备用。

❷ 西蓝花烫熟；洋葱切细丝，用奶油炒软至出甜味，以少许盐调味备用。

❸ 西红柿切薄片，黑胡椒牛肉火腿也切成薄片备用。

❹ 贝果先涂上适量橙香甜酱，再依序放上生菜、西红柿薄片、黑胡椒牛肉火腿薄片、西蓝花和炒洋葱丝，最后摆上柳橙肉，再淋上橙香甜酱即可。

> **美味私房招**
>
> 黑胡椒牛肉火腿与柳橙非常相配，酸甜的橙肉可以减轻食用高蛋白牛肉的负担。平常可多将水果与红肉搭配，营养、健康又美味。

金枪鱼三明治

🍴 材料
全麦吐司　　3片
苜蓿芽　　　10克
西红柿片　　2片

🧂 调料
金枪鱼酱　　适量

📋 做法
❶ 苜蓿芽洗净，沥干水分备用。

❷ 全麦吐司取两片均抹上一面金枪鱼酱，备用。

❸ 取一片全麦吐司为底，依序放入一片西红柿片和一半的苜蓿芽，盖上另一片全麦吐司，再依序放入一片西红柿片和剩余的苜蓿芽，盖上没有抹酱的最后一片吐司，稍微压紧对角切成两份即可。

美味私房招

金枪鱼酱
材料
A.罐头金枪鱼肉80克，洋葱丁20克　B.黑胡椒少许，甜酱1大匙

做法
罐头金枪鱼肉稍微沥干油分，放入碗中以汤匙压碎后，加入洋葱丁、材料B拌匀成金枪鱼酱即可。

焗烤玉米三明治

🍞 **材料**

去边白吐司3片，罐装金枪鱼150克，甜玉米粒30克，小黄瓜丝20克，干酪丝100克，紫洋葱片100克

🧂 **调料**

甜酱1大匙

🍲 **做法**

❶ 金枪鱼加入甜玉米粒和1/2大匙的甜酱，拌匀备用。

❷ 吐司一面撒上干酪丝，放入烤箱内以200℃烤约5分钟至呈金黄色后取出，另一面涂上1/2大匙甜酱。

❸ 依序叠上1片吐司、小黄瓜丝、紫洋葱片、1片吐司、金枪鱼玉米、1片吐司，对角切成两份即可。

炸虾三明治

🍞 **材料**

吐司2片，奶油适量，圆白菜丝适量，鲜虾100克，洋葱50克，低筋面粉适量

🧂 **调料**

塔塔酱50克，米酒10克，盐适量，白胡椒粉适量，色拉油适量

🍲 **做法**

❶ 鲜虾洗净沥干，压碎成泥，备用。

❷ 洋葱切丝，加入盐、白胡椒粉调味，备用。

❸ 将鲜虾和洋葱丝混合再加入米酒拌匀，充分搅拌至黏稠，再用手整成圆饼形，再蘸裹低筋面粉，备用。

❹ 取油锅，加热至180℃，放入虾饼，将双面炸至金黄后，捞起沥油备用。

❺ 先将吐司烤至表面微焦黄，取1片吐司，抹上塔塔酱，放上炸虾饼、圆白菜丝，再叠上1片抹上奶油的吐司，最后对切成二份即可。

金枪鱼可颂三明治

🥖 材料

罐头金枪鱼	120克
可颂面包	2个
生菜	2片
西红柿	1/2个
洋葱	1/3个
葱	1根

🧂 调料

甜酱	2大匙
柠檬汁	少许
香油	1小匙
盐	少许
黑胡椒粉	少许

📋 做法

1 将金枪鱼取出，沥干水分；洋葱切碎；葱切成葱花；西红柿切片，备用。

2 可颂面包以面包刀斜切但不要切断，备用。

3 将金枪鱼肉、洋葱碎、葱花和所有调料混合搅拌均匀制成肉馅。

4 在切好的可颂面包中先夹入生菜，再加入西红柿片，最后夹入肉馅即可。

鲜虾黄瓜三明治

🍞 **材料**

全麦吐司3片，鲜虾仁100克，玉米粒10克，红叶生菜2片，小黄瓜丝5克，生菜丝5克

🧂 **调料**

甜酱1小匙

📋 **做法**

1. 虾仁入沸水中焯烫后，取出泡冰水，沥干备用。
2. 将虾仁加入甜酱和玉米粒拌匀，备用。
3. 全麦吐司放入烤箱内，以150℃烤约3分钟后取出。
4. 依序叠上1片吐司、生菜丝、红叶生菜、虾仁馅、1片吐司、小黄瓜丝、1片吐司，对切即可。

黄瓜西红柿手指三明治

🍞 **材料**

吐司4片，酸奶1大匙，小黄瓜3根，胡萝卜30克，软性奶油10克

🧂 **调料**

甜酱2大匙，盐少许，白胡椒粉少许

📋 **做法**

1. 小黄瓜与胡萝卜洗净后切成丝状，用少许的盐抓匀，再沥干水分备用。
2. 将所有调料（软性奶油除外）混合搅拌均匀，再加入小黄瓜丝与胡萝卜丝拌匀。
3. 白吐司先抹上少许软性奶油，再将拌好的蔬菜丝平铺在1片吐司上，盖上另1片吐司制成三明治，去边后再切三等份即可。

吐司三明治自己做最好吃

酥炸鱼排三明治

🍞 材料
去边白吐司 3片
生菜 2片
鲷鱼片 150克
紫洋葱片 20克
吐司粉 1大匙

🧂 腌料
盐 1小匙
鸡蛋 1/2个
面粉 1/4小匙
糖 1/4小匙
白胡椒粉 1/4小匙

🥣 调料
千岛沙拉酱 1小匙
（做法见160页）

📖 做法
1. 鲷鱼片加入腌料拌匀，裹上吐司粉，备用。
2. 将油锅加热至约150℃，放入鱼片，以小火炸熟，取出沥油备用。
3. 白吐司放入烤面包机中烤至呈金黄色取出，涂上千岛沙拉酱。
4. 依序叠上1片吐司、紫洋葱片、1片吐司、鱼排、生菜、1片吐司，对切即可。

黄金香蕉三明治

材料

A
香蕉	1根
吐司	2片

B
牛奶	200克
蛋	2个
低筋面粉	10克
香橙酒	5毫升
有盐奶油	30克

调料
细砂糖	20克
蜂蜜	适量

做法

❶ 将材料B和细砂糖混合，并充分搅拌均匀，即为蛋汁。

❷ 将每片吐司浸泡在蛋汁中，让吐司充分吸收蛋汁至饱和度五成左右，并加入香蕉切片一起泡渍。

❸ 平底锅烧热，加入适量有盐奶油融化后，将1片吐司夹入香蕉片，再将另1片合上，放入锅中煎至双面表皮呈现金黄色。

❹ 将煎好的吐司先对切成三角形，再放入盘中淋上蜂蜜，可依个人喜好蘸食。

附录1

人气沙拉

吐司、三明治，再搭配上清爽的沙拉，无论是从营养还是从美食的角度来讲，都是很不错的。沙拉制作简单，在组合上也十分随意，只要稍加变化，就可以搭配出不一样的美味，热爱美食的你，赶快行动起来吧！

鸡肉蔬菜沙拉

材料

鸡胸肉	30克
西芹	20克
萝蔓	30克
紫莴苣	20克
圣女果	15克
蓝奶酪丁	20克

调料

橄榄油	30毫升
白酒醋	10毫升
柠檬汁	5毫升
白胡椒粉	适量

做法

❶ 鸡胸肉放入沸水中烫熟、切丁；西芹切段；萝蔓、紫莴苣撕小片后，再加入圣女果。

❷ 将鸡肉丁、做法1的蔬菜加入蓝奶酪丁拌匀。

❸ 将所有调料混合均匀，淋在拌好的蔬菜上即可。

苹果鸡丝沙拉

🍲 材料

苹果	2个
鸡胸肉	250克
西芹	120克
红甜椒	1个
黄甜椒	1个
姜	1片

🍶 调料

A

米酒	1大匙
盐	1/2小匙

B

橄榄油	2大匙
苹果醋	1大匙
盐	1小匙
枫糖浆	2小匙

🍱 做法

❶ 将鸡胸肉与姜洗净，一起放入碗中，加入调料A腌入味，再放入烤箱烤熟，待凉切丝。

❷ 西芹去皮，洗净切丝，放入水中焯烫，捞起放入冷水中泡凉。

❸ 红甜椒、黄甜椒洗净，去蒂去籽，放入冰水中泡10分钟后捞出切丝。

❹ 苹果去皮切丝，放入加有少许盐（分量外）的冰开水中浸泡5分钟，再沥干盛入盘中，加入鸡胸肉、西芹、红甜椒、黄甜椒。

❺ 将调料B倒入小碗中调匀，淋在盘中即可。

烤玉米沙拉

🥗 材料

黄甜玉米	1个
莴苣	150克
圣女果	20克
香芹碎	3克
高汤	200毫升

🍶 调料

油醋汁	2大匙

📋 做法

1. 莴苣洗净沥干切片后，与圣女果混合备用。

2. 取汤锅，先放入高汤煮至滚沸，再放入黄甜玉米煮熟，取出，再放入烤箱中以180℃烤5～8分钟至上色后，取出切成片状。

3. 将莴苣片、圣女果装盘，再放上玉米，最后淋上油醋汁，撒上香芹碎即可。

牛肉沙拉

🍞 材料

牛肉	120克
莴苣	150克
苜蓿芽	3克
红甜椒条	3克
高汤	300毫升
姜	30克

🧂 调料

白酒醋	60毫升
砂糖	适量
盐	适量
黑胡椒粉	适量
橄榄油	180毫升

📋 做法

1. 牛肉洗净切片，备用。

2. 取锅放入高汤煮至沸腾，再放入牛肉片焯烫至约八分熟时捞起。

3. 姜切成小碎丁，取平底锅以小火加热后，先加入白酒醋及适量的砂糖、盐和黑胡椒粉略煮一下，再加入姜碎、橄榄油煮10～20秒即成姜醋汁。

4. 将牛肉片拌入姜醋汁，再将莴苣围在大碗的边缘，最后放上苜蓿芽及红甜椒条装饰即可。

鲜虾莎莎暖沙拉

材料
鲜虾	300克
卷生菜	150克

调料
圣女果莎莎酱	2大匙
盐	适量
胡椒粉	适量
橄榄油	20毫升

做法
1. 卷生菜洗净,沥干水分切片后,放入盘中备用。
2. 鲜虾洗净,去壳备用。
3. 热锅,倒入橄榄油烧热,再放入鲜虾煎至熟。
4. 将鲜虾放在生菜上,再将其余所有调料拌匀,淋入盘中即可。

美味私房招

圣女果莎莎酱

材料
A.西红柿丁20克,洋葱碎10克,香菜碎5克,红辣椒碎5克
B.柠檬汁60毫升,橄榄油180毫升,盐适量,胡椒粉适量

做法
将材料A放入大碗中;材料B混合拌匀,倒入大碗中和材料A一起拌匀即可。

橙汁海鲜沙拉

材料

鱿鱼	20克
鲜虾	20克
淡菜	20克
洋葱丝	30克
西红柿	10克
高汤	200毫升
柳橙汁	60毫升

调料

白酒醋	60毫升
橄榄油	180毫升
盐	适量
胡椒粉	适量

做法

❶ 鱿鱼洗净切圈；鲜虾洗净去壳；淡菜洗净，备用。

❷ 先将柳橙汁倒入碗中，慢慢加入白酒醋、橄榄油及一半的盐、一半的胡椒粉，充分搅拌即成橙汁油醋汁酱。

❸ 取锅，放入高汤煮至滚沸，分别放入鱿鱼、鲜虾、淡菜烫熟，取出备用。

❹ 西红柿洗净去蒂切粗丝，加入洋葱丝、鱿鱼、鲜虾、淡菜，再加入盐、剩下的胡椒粉及橙汁油醋汁酱拌匀即可。

辣味鲜鱼沙拉

材料

鲷鱼肉	120克
胡萝卜	20克
白萝卜	20克
中筋面粉	少许
高汤	200毫升

调料

玉米莎莎酱	2大匙
盐	适量
胡椒粉	适量

做法

❶ 胡萝卜、白萝卜均洗净切条，放入煮沸的高汤中烫熟，摆盘备用。

❷ 鲷鱼肉洗净沥干，以盐、胡椒粉调味，外层均匀蘸上中筋面粉备用。

❸ 平底锅放入适量的食用油烧热，将鲷鱼片煎熟，放入铺有红萝卜条、白萝卜条的盘中，最后淋上玉米莎莎酱即可。

美味私房招

金枪鱼酱

材料

A.玉米粒60克，洋葱碎20克，香菜碎10克，红辣椒碎5克

B.柠檬汁60毫升，橄榄油180毫升，盐适量，胡椒粉适量

做法

将材料A放入大碗中；材料B混合拌匀，倒入大碗中与材料A一起拌匀即可。

野菇暖沙拉

🥖 材料
鲜香菇	30克
鲍鱼菇	30克
洋菇	30克
蒜碎	20克
香菜碎	10克
西红柿片	20克

🧂 调料
陈年酒醋	60毫升
盐	适量
白胡椒粉	适量
橄榄油	200毫升

📋 做法
❶ 热锅，加入陈年酒醋及适量的盐、白胡椒粉拌匀，再加入180毫升橄榄油拌匀，煮10～20秒即为陈年酒醋汁。

❷ 鲜香菇、鲍鱼菇、洋菇洗净，切成块状备用。

❸ 热平底锅，放入20毫升橄榄油，将蒜碎爆香后，依序放入鲜香菇、鲍鱼菇、洋菇，拌炒至香味溢出，淋上陈年酒醋汁拌炒均匀，最后加入西红柿片，撒上香菜碎即可。

酸辣海鲜沙拉

🍲 材料
墨鱼	1条
旗鱼	1块
鲜虾	10只
小黄瓜	1/2根
圣女果	少许
香菜	少许
姜末	1大匙

🍶 调料
红油	3大匙
水	5大匙
辣椒粉	1大匙
香茅白	5小段
柠檬叶	5片
椰子糖	1大匙
盐	1小匙
柠檬汁	适量

🍳 做法
❶ 所有调料拌匀（柠檬汁除外），以小火煮至滚沸，再加入柠檬汁拌匀后熄火，滤除杂质即为酸辣海鲜酱，备用。

❷ 墨鱼洗净切小段；旗鱼洗净切小块；鲜虾去肠泥后洗净；小黄瓜洗净切条；圣女果对切，备用。

❸ 依序将墨鱼、旗鱼、鲜虾放入沸水中烫熟，再放入冰开水中，待凉后捞起沥干，备用。

❹ 将以上材料与对切的圣女果、黄瓜条和酸辣海鲜酱拌匀，最后摆上香菜即可。

生菜玉米沙拉

🍞 材料

生菜	50克
玉米	1根
西红柿块	100克
小黄瓜片	40克

🫙 调料

酱油	200毫升
味啉	60毫升
柠檬汁	20毫升
苹果醋	30毫升
芥末子	2大匙
细砂糖	2大匙

📖 做法

❶ 将所有的调料放入果汁机中，盖上杯盖。

❷ 按瞬转键，以一按一放的方式打约5秒钟制成酱汁取出。

❸ 玉米整条放入锅中煮约10分钟后取出放凉，切小段后将玉米核去掉。

❹ 依序将生菜、玉米、西红柿块和小黄瓜片放入盘中，淋上3大匙酱汁即可。

土豆沙拉

材料

培根丁	30克
土豆丁	150克
洋葱碎	20克
葱碎	20克
香芹碎	20克
红葱头碎	20克
蒜碎	10克

调料

白醋	20毫升
盐	适量
黑胡椒粉	适量
芥茉酱	10克
橄榄油	60毫升

做法

1. 将红葱头碎、蒜碎放入大碗中，加入白醋及适量的盐和黑胡椒粉拌匀，再加入芥茉酱拌匀后，慢慢倒入橄榄油至酱汁变稠，搅拌均匀成芥末橄榄酱。
2. 热锅，将培根丁炒脆，再加入洋葱碎炒至有香味时盛出。
3. 将土豆丁与炒好的培根丁洋葱碎放在大碗中混合均匀，淋上芥末橄榄酱，最后撒上葱碎及香芹碎即可。

附录2

三明治抹酱

新鲜可口的三明治一定要涂上自制的风味酱料才完美。三明治抹酱做法简单又好吃，再搭配自己喜欢的面包，就是最好的三明治，在家也能吃到面包店的味道！

传统甜酱

材料

蛋黄2个，橄榄油300毫升，白醋100毫升，黄芥末酱1大匙，盐1小匙，糖2大匙

做法

蛋黄加入糖、黄芥末酱，以打蛋器搅拌至呈现乳白色，加入100毫升橄榄油搅拌至浓稠；加入50毫升白醋搅拌，再加入100毫升橄榄油搅拌至浓稠；然后加入剩余50毫升白醋搅拌，再加入100毫升橄榄油搅拌至浓稠，最后加入盐搅拌打至浓稠即可。

凯萨沙拉酱

材料

芥末籽酱1/2大匙，黄芥末酱1大匙，蒜末1/2小匙，鳀鱼1/4小匙，干酪粉1/4小匙，甜酱5大匙

做法

将蒜末和鳀鱼混合后，以汤匙压碎，然后将蒜末鳀鱼和剩余材料混合搅拌均匀即可。

透明甜酱

材料

Ⓐ 玉米粉50克，水200毫升，糖200克 Ⓑ 细砂糖100克，盐5克，橄榄油50毫升，水450毫升，白醋20毫升

做法

将材料A拌匀，放入深锅内，开小火不时搅拌至溶化。待煮沸后，再放入拌匀的材料B，用小火边煮边搅拌至透明胶凝状，熄火待凉即可。

蜂蜜芥末酱

材料

蜂蜜1/2小匙，黄芥末酱1小匙，甜酱3大匙

做法

将所有材料搅拌均匀即可。

千岛沙拉酱

材料

番茄酱1大匙，甜酱5大匙，香芹末1/4小匙，蒜末1/2小匙，洋葱末1/2小匙

做法

将所有材料搅拌均匀即可。